KB144708

찐!합격

ON

당신도 이번에 반드시 합격합니다!

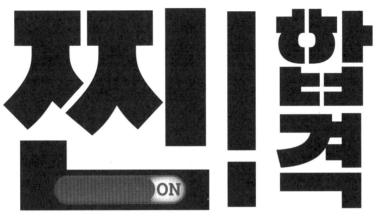

100% 상세한 해설

1개년 과년도

소방설비기사

기계 4-1 실기

2023년 과년도 출제문제

우석대학교 소방방재학과 교수 공하성

BM (주)도서출판 성안당

자문위원

김귀주 강동대학교
김만규 부산경상대학교
류창수 대구보건대학교
배익수 부산경상대학교

송용선 목원대학교
이장원 서정대학교
이종화 호남대학교

최영상 대구보건대학교
한석우 국제대학교
황상균 경북전문대학교

※가나다 순

더 좋은 책을 만들기 위한 노력이 지금도 계속되고 있습니다. 이 책에 대하여 자문위원으로 활동해 주실 훌륭한 교수님을 모십니다.

■ 도서 A/S 안내

성안당에서 발행하는 모든 도서는 저자와 출판사, 그리고 독자가 함께 만들어 나갑니다.

좋은 책을 펴내기 위해 많은 노력을 기울이고 있습니다. 혹시라도 내용상의 오류나 오탈자 등이 발견되면 **"좋은 책은 나라의 보배"**로서 우리 모두가 함께 만들어 간다는 마음으로 연락주시기 바랍니다. 수정 보완하여 더 나은 책이 되도록 최선을 다하겠습니다.

성안당은 늘 독자 여러분들의 소중한 의견을 기다리고 있습니다. 좋은 의견을 보내주시는 분께는 성안당 쇼핑몰의 포인트(3,000포인트)를 적립해 드립니다.

잘못 만들어진 책이나 부록 등이 파손된 경우에는 교환해 드립니다.

저자 문의 : ⓒ http://pf.kakao.com/_TZKbxj
 Daum cafe.daum.net/firepass
 NAVER cafe.naver.com/fireleader

본서 기획자 e-mail : coh@cyber.co.kr(최옥현)

홈페이지 : http://www.cyber.co.kr   전화 : 031) 950-6300

머리말

God loves you, and has a wonderful plan for you.

안녕하십니까?

우석대학교 소방방재학과 교수 공하성입니다.

지난 29년간 보내주신 독자 여러분의 아낌없는 찬사에 진심으로 감사드립니다.

앞으로도 변함없는 성원을 부탁드리며, 여러분들의 성원에 힘입어 항상 더 좋은 책으로 거듭나겠습니다.

이 책의 특징은 학원 강의를 듣듯 정말 자세하게 설명해 놓았다는 점입니다. 책을 한 장 한 장 넘길 때마다 확연하게 느낄 것입니다.

또한, 기존 시중에 있는 다른 책들의 잘못 설명된 점들에 대하여 지적해 놓음으로써 여러 권의 책을 가지고 공부하는 독자들에게 혼동의 소지가 없도록 하였습니다.

일반적으로 소방설비기사의 기출문제를 분석해보면 문제은행식으로 과년도 문제가 매년 거듭 출제되고 있습니다. 그러므로 과년도 문제만 풀어보아도 충분히 합격할 수가 있습니다.

이 책은 여기에 중점을 두어 국내 최다의 과년도 문제를 실었습니다. 과년도 문제가 응용문제를 풀 수 있는 가장 좋은 문제입니다.

또한, 각 문제마다 아래와 같이 중요도를 표시하였습니다.

별표 없는 것	출제빈도 10%	★	출제빈도 30%
★★	출제빈도 70%	★★★	출제빈도 90%

이 책에는 <u>일부 잘못된 부분이 있을 수 있으며</u>, 잘못된 부분에 대해서는 발견 즉시 저자의 카페(cafe.daum.net/firepass, cafe.naver.com/fireleader)에 올리도록 하고, 새로운 책이 나올 때마다 늘 수정·보완하도록 하겠습니다. 원고 정리를 도와준 이종화·안재천 교수님, 김혜원 님에게 감사를 드립니다.

끝으로 이 책에 대한 모든 영광을 그 분께 돌려드립니다.

공하성 올림

소방설비기사 출제경향분석
(최근 10년간 출제된 과년도 문제 분석)

1. 소방유체역학   14.8%(15점)
2. 소화기구   1.6%(2점)
3. 옥내소화전설비   12.2%(12점)
4. 옥외소화전설비   2.8%(3점)
5. 스프링클러설비   25.6%(25점)
6. 물분무소화설비   1.0%(1점)
7. 포소화설비   12.3%(12점)
8. 이산화탄소 소화설비   10.1%(10점)
9. 할론소화설비   6.6%(6점)
10. 할로겐화합물 및 불활성기체 소화설비   0.2%(1점)
11. 분말소화설비   2.1%(2점)
12. 피난구조설비   0.8%(1점)
13. 소화활동설비   9.7%(9점)
14. 소화용수설비   0.2%(1점)

+++++++ 수험자 유의사항

– 일반사항

1. 시험문제를 받는 즉시 응시하고자 하는 종목의 문제지가 맞는지를 확인하여야 합니다.

2. 시험문제지 총면수 · 문제번호 순서 · 인쇄상태 등을 확인하고(**확인 이후 시험문제지 교체불가**), 수험번호 및 성명을 답안지에 기재하여야 합니다.

3. 부정 또는 불공정한 방법(시험문제 내용과 관련된 메모지 사용 등)으로 시험을 치른 자는 부정행위자로 처리되어 당해 시험을 중지 또는 무효로 하고, 3년간 국가기술자격검정의 응시자격이 정지됩니다.

4. 저장용량이 큰 전자계산기 및 유사 전자제품 사용시에는 반드시 저장된 메모리를 초기화한 후 사용하여야 하며, 시험위원이 초기화 여부를 확인할 시 협조하여야 합니다. 초기화되지 않은 전자계산기 및 유사 전자제품을 사용하여 적발시에는 부정행위로 간주합니다.

5. 시험 중에는 통신기기 및 전자기기(휴대용 전화기 및 **스마트워치** 등)를 지참하거나 사용할 수 없습니다.

6. **문제 및 답안(지), 채점기준은 공개하지 않습니다.**

7. 복합형 시험의 경우 시험의 전 과정(필답형, 작업형)을 응시하지 않은 경우 채점대상에서 제외합니다.

8. 국가기술자격 시험문제는 일부 또는 전부가 저작권법상 보호되는 저작물이고, 저작권자는 한국산업인력공단입니다. 문제의 일부 또는 전부를 무단 복제, 배포, 출판, 전자출판 하는 등 저작권을 침해하는 일체의 행위를 금합니다.

– 채점사항

1. 수험자 인적사항 및 계산식을 포함한 답안작성은 흑색 필기구만 사용해야 하며, 그 외 연필류, 빨간색, 청색 등 필기구로 작성한 답항은 0점 처리되오니 불이익을 당하지 않도록 유의해 주시기 바랍니다.

2. 답란에는 문제와 관련 없는 불필요한 낙서나 특이한 기록사항 등을 기재하여서는 안 되며, 답안지의 인적사항 기재란 외의 부분에 답안과 관련 없는 **특수한 표시를 하거나 특정인임을 암시하는 경우 답안지 전체를 0점** 처리합니다.

3. 계산문제는 반드시 「계산과정」과 「답」란에 기재하여야 하며, **계산과정이 틀리거나 없는 경우 0점 처리됩니다.**

4. 계산문제는 최종 결과 값(답)에서 소수 셋째자리에서 반올림하여 둘째자리까지 구하여야 하나 개별문제에서 소수처리에 대한 요구사항이 있을 경우 그 요구사항에 따라야 합니다.

5. 답에 단위가 없으면 오답으로 처리됩니다. (단, 문제의 요구사항에 단위가 주어졌을 경우는 생략되어도 무방합니다.)

6. 문제에서 요구한 가지수(항수) 이상을 답란에 표기한 경우에는 답란기재 순으로 요구된 가지수(항수)만 채점하고 한 항에 여러 가지를 기재하더라도 한 가지로 보며 그중 정답과 오답이 함께 기재되어 있을 경우 오답으로 처리됩니다.

7. 답안 정정 시에는 정정하고자 하는 단어에 두 줄(=)을 긋고 다시 기재 가능하며, 수정테이프 등은 사용할 수 없으며, 수정테이프 사용 시 채점대상에서 제외됨을 알려드립니다.

※ 수험자 유의사항 미준수로 인한 채점상의 불이익은 수험자 본인에게 책임이 있습니다.

CONTENTS ++++++++++++ ++++++++++++

과년도 기출문제

 ++++++++++ 이 책의 특징
++++++++++

각 문제마다 중요도를 표시하여 ★
이 많은 것은 특별히 주의 깊게 보도
록 하였음

각 문제마
다 배점을
표시하여
배점기준
을 파악할
수 있도록
하였음

★★

· 문제 08

소화설비에 사용하는 펌프의 운전 중 발생하는 공동현상(Cavitaiton)을 방지하는 대책을 다음 표로 정
리하였다. ( ) 안에 크게, 작게, 빠르게 또는 느리게로 구분하여 답하시오.

득점	배점
	3

유효흡입수두(NPSHav)를	(① :)
펌프흡입압력을 유체압력보다	(② :)
펌프의 회전수를	(③ :)

해답
① 크게
② 작게
③ 느리게

해설 **공동현상**의 **방지대책**

유효흡입수두(NPSHav)를	(① : **크게**)
펌프흡입압력을 유체압력보다	(②
펌프의 회전수를	(③

특히, 중요한 내용은 별도로 정리하여 쉽
게 암기할 수 있도록 하였음

• 공동현상의 방지대책으로 **흡입수두**는 **작게**, **유효흡입수두**(NPSH.
  주의하라!

중요

공동현상(Cavitation)

구분	설명
정의	펌프의 흡입측 배관내의 물의 정압이 기존의 증기압보다 낮아져서 기포가 발생되어 물이 흡입되지 않는 현상
발생현상	① 소음과 진동발생 ② 관부식 ③ 임펠러의 손상 ④ 펌프의 성능 저하
발생원인	① 펌프의 흡입수두가 클 때 ② 펌프의 마찰손실이 클 때 ③ 펌프의 임펠러속도가 클 때 ④ 펌프의 설치위치가 수원보다 높을 때 ⑤ 관내의 수온이 높을 때 ⑥ 관내의 물의 정압이 그때의 증기압보다 낮을 때 ⑦ 흡입관의 구경이 작을 때 ⑧ 흡입거리가 길 때 ⑨ 유량이 증가하여 펌프물이 과속으로 흐를 때

소방설비기사 실기(기계분야) 시험내용

구 분	내 용
시험 과목	소방기계시설 설계 및 시공실무
출제 문제	9~15문제
합격 기준	60점 이상
시험 시간	3시간
문제 유형	필답형

※ 소방설비기사(기계분야)는 작업형 시험이 없으므로 타 자격증에 비하여 쉽습니다.

단위환산표 ++++++++++++

단위환산표(기계분야)

명 칭	기 호	크 기	명 칭	기 호	크 기
테라(tera)	T	10^{12}	피코(pico)	p	10^{-12}
기가(giga)	G	10^{9}	나노(nano)	n	10^{-9}
메가(mega)	M	10^{6}	마이크로(micro)	μ	10^{-6}
킬로(kilo)	k	10^{3}	밀리(milli)	m	10^{-3}
헥토(hecto)	h	10^{2}	센티(centi)	c	10^{-2}
데카(deka)	D	10^{1}	데시(deci)	d	10^{-1}

〈보기〉
- $1km=10^{3}m$
- $1mm=10^{-3}m$
- $1pF=10^{-12}F$
- $1\mu m=10^{-6}m$

단위읽기표

단위읽기표(기계분야)

여러분들이 고민하는 것 중 하나가 단위를 어떻게 읽느냐 하는 것일 듯합니다. 그 방법을 속 시원하게 공개해 드립니다.

(알파벳 순)

단 위	단위 읽는 법	단위의 의미 (물리량)
Aq	아쿠아(Aqua)	물의 높이
atm	에이 티 엠(atm osphere)	기압, 압력
bar	바(bar)	압력
barrel	배럴(barrel)	부피
BTU	비티유(British Thermal Unit)	열량
cal	칼로리(calorie)	열량
cal/g	칼로리 퍼 그램(calorie per gram)	융해열, 기화열
cal/g · ℃	칼로리 퍼 그램 도 씨(calorie per gram degree Celsius)	비열
dyn, dyne	다인(dyne)	힘
g/cm^3	그램 퍼 세제곱센티미터(gram per Centimeter cubic)	비중량
gal, gallon	갈론(gallon)	부피
H_2O	에이치 투 오(water)	물의 높이
Hg	에이치 지(mercury)	수은주의 높이
HP	마력(Horse Power)	일률
J/s, J/sec	줄 퍼 세컨드(Joule per second)	일률
K	케이(Kelvin temperature)	켈빈온도
kg/m^2	킬로그램 퍼 제곱미터(kilogram per Meter square)	화재하중
kg_f	킬로그램 포스(kilogram force)	중량
kg_f/cm^2	킬로그램 포스 퍼 제곱센티미터 (kilogram force per Centimeter square)	압력
L	리터(leter)	부피
lb	파운드(pound)	중량
lb_f/in^2	파운드 포스 퍼 제곱인치 (pound force per inch square)	압력

단 위	단위 읽는 법	단위의 의미 (물리량)
m/min	미터 퍼 미니트(meter per minute)	속도
m/sec^2	미터 퍼 제곱세컨드(meter per second square)	가속도
m^3	세제곱미터(meter cubic)	부피
m^3/min	세제곱미터 퍼 미니트(meter cubic per minute)	유량
m^3/sec	세제곱미터 퍼 세컨드(meter cubic per second)	유량
mol, mole	몰(mole)	물질의 양
m^{-1}	퍼미터(per meter)	감광계수
N	뉴턴(Newton)	힘
N/m^2	뉴턴 퍼 제곱미터(Newton per meter square)	압력
P	푸아즈(Poise)	점도
Pa	파스칼(Pascal)	압력
PS	미터 마력(PferdeStärke)	일률
PSI	피 에스 아이(Pound per Square Inch)	압력
s, sec	세컨드(second)	시간
stokes	스토크스(stokes)	동점도
vol%	볼륨 퍼센트(volume percent)	농도
W	와트(Watt)	동력
W/m^2	와트 퍼 제곱미터(Watt per meter square)	대류열
W/m$^2 \cdot$K^3	와트 퍼 제곱미터 케이 세제곱 (Watt per meter square Kelvin cubic)	스테판-볼츠만 상수
W/m$^2 \cdot$℃	와트 퍼 제곱미터 도 씨 (Watt per meter square degree Celsius)	열전달률
W/m$\cdot$K	와트 퍼 미터 케이(Watt per meter Kelvin)	열전도율
W/sec	와트 퍼 세컨드(Watt per second)	전도열
℃	도 씨(degree Celsius)	섭씨온도
℉	도 에프(degree Fahrenheit)	화씨온도
℉R	도 알(degree Rankine)	랭킨온도

++++++++++++ 단위읽기표
++++++++++++

(가나다 순)

단위의 의미 (물리량)	단 위	단위 읽는 법
가속도	m/sec^2	미터 퍼 제곱세컨드(meter per second square)
감광계수	m^{-1}	퍼미터(per meter)
기압, 압력	atm	에이 티 엠(atmosphere)
농도	vol%	볼륨 퍼센트(volume percent)
대류열	W/m^2	와트 퍼 제곱미터(Watt per meter square)
동력	W	와트(Watt)
동점도	stokes	스토크스(stokes)
랭킨온도	°R	도 알(degree Rankine)
물의 높이	Aq	아쿠아(Aqua)
물의 높이	H_2O	에이치 투 오(water)
물질의 양	mol, mole	몰(mole)
부피	barrel	배럴(barrel)
부피	gal, gallon	갈론(gallon)
부피	L	리터(leter)
부피	m^3	세제곱미터(meter cubic)
비열	$cal/g \cdot °C$	칼로리 퍼 그램 도 씨(calorie per gram degree Celsius)
비중량	g/cm^3	그램 퍼 세제곱센티미터(gram per centimeter cubic)
섭씨온도	°C	도 씨(degree Celsius)
속도	m/min	미터 퍼 미니트(meter per minute)
수은주의 높이	Hg	에이치 지(mercury)
스테판-볼츠만 상수	$W/m^2 \cdot K^3$	와트 퍼 제곱미터 케이 세제곱 (Watt per meter square Kelvin cubic)
시간	s, sec	세컨드(second)
압력	bar	바(bar)
압력	kg_f/cm^2	킬로그램 포스 퍼 제곱센티미터 (kilogram force per centimeter square)

단위의 의미 (물리량)	단 위	단위 읽는 법
압력	lb_f/in^2	파운드 포스 퍼 제곱인치 (pound force per inch square)
압력	N/m^2	뉴턴 퍼 제곱미터(Newton per meter square)
압력	Pa	파스칼(Pascal)
압력	PSI	피 에스 아이(Pound per Square Inch)
열량	BTU	비티유(British Thermal Unit)
열량	cal	칼로리(calorie)
열전달률	$W/m^2 \cdot °C$	와트 퍼 제곱미터 도 씨 (Watt per meter square degree Celsius)
열전도율	$W/m \cdot K$	와트 퍼 미터 케이(Watt per meter Kelvin)
유량	m^3/min	세제곱미터 퍼 미니트(meter cubic per minute)
유량	m^3/sec	세제곱미터 퍼 세컨드(meter cubic per second)
융해열, 기화열	cal/g	칼로리 퍼 그램(calorie per gram)
일률	HP	마력(Horse Power)
일률	J/s, J/sec	줄 퍼 세컨드(Joule per second)
일률	PS	미터 마력(PferdeStärke)
전도열	W/sec	와트 퍼 세컨드(Watt per second)
점도	P	푸아즈(Poise)
중량	kg_f	킬로그램 포스(kilogram force)
중량	lb	파운드(pound)
켈빈온도	K	케이(Kelvin temperature)
화씨온도	°F	도 에프(degree Fahrenheit)
화재하중	kg/m^2	킬로그램 퍼 제곱미터(kilogram per meter square)
힘	dyn, dyne	다인(dyne)
힘	N	뉴턴(Newton)

시험안내 연락처

기관명	주 소	전화번호
서울지역본부	02512 서울 동대문구 장안벚꽃로 279(휘경동 49-35)	02-2137-0590
서울서부지사	03302 서울 은평구 진관3로 36(진관동 산100-23)	02-2024-1700
서울남부지사	07225 서울시 영등포구 버드나루로 110(당산동)	02-876-8322
서울강남지사	06193 서울시 강남구 테헤란로 412 T412빌딩 15층(대치동)	02-2161-9100
인천지사	21634 인천시 남동구 남동서로 209(고잔동)	032-820-8600
경인지역본부	16626 경기도 수원시 권선구 호매실로 46-68(탑동)	031-249-1201
경기동부지사	13313 경기 성남시 수정구 성남대로 1217(수진동)	031-750-6200
경기서부지사	14488 경기도 부천시 길주로 463번길 69(춘의동)	032-719-0800
경기남부지사	17561 경기 안성시 공도읍 공도로 51-23	031-615-9000
경기북부지사	11801 경기도 의정부시 바대논길 21 해인프라자 3~5층(고산동)	031-850-9100
강원지사	24408 강원특별자치도 춘천시 동내면 원창 고개길 135(학곡리)	033-248-8500
강원동부지사	25440 강원특별자치도 강릉시 사천면 방동길 60(방동리)	033-650-5700
부산지역본부	46519 부산시 북구 금곡대로 441번길 26(금곡동)	051-330-1910
부산남부지사	48518 부산시 남구 신선로 454-18(용당동)	051-620-1910
경남지사	51519 경남 창원시 성산구 두대로 239(중앙동)	055-212-7200
경남서부지사	52733 경남 진주시 남강로 1689(초전동 260)	055-791-0700
울산지사	44538 울산광역시 중구 종가로 347(교동)	052-220-3277
대구지역본부	42704 대구시 달서구 성서공단로 213(갈산동)	053-580-2300
경북지사	36616 경북 안동시 서후면 학가산 온천길 42(명리)	054-840-3000
경북동부지사	37580 경북 포항시 북구 법원로 140번길 9(장성동)	054-230-3200
경북서부지사	39371 경상북도 구미시 산호대로 253(구미첨단의료 기술타워 2층)	054-713-3000
광주지역본부	61008 광주광역시 북구 첨단벤처로 82(대촌동)	062-970-1700
전북지사	54852 전북 전주시 덕진구 유상로 69(팔복동)	063-210-9200
전북서부지사	54098 전북 군산시 공단대로 197번지 풍산빌딩 2층(수송동)	063-731-5500
전남지사	57948 전남 순천시 순광로 35-2(조례동)	061-720-8500
전남서부지사	58604 전남 목포시 영산로 820(대양동)	061-288-3300
대전지역본부	35000 대전광역시 중구 서문로 25번길 1(문화동)	042-580-9100
충북지사	28456 충북 청주시 흥덕구 1순환로 394번길 81(신봉동)	043-279-9000
충북북부지사	27480 충북 충주시 호암수청2로 14 충주농협 호암행복지점 3~4층(호암동)	043-722-4300
충남지사	31081 충남 천안시 서북구 상고1길 27(신당동)	041-620-7600
세종지사	30128 세종특별자치시 한누리대로 296(나성동)	044-410-8000
제주지사	63220 제주 제주시 복지로 19(도남동)	064-729-0701

※ 청사이전 및 조직변동 시 주소와 전화번호가 변경, 추가될 수 있음

📖 **기사** : 다음의 어느 하나에 해당하는 사람

1. **산업기사** 등급 이상의 자격을 취득한 후 응시하려는 종목이 속하는 동일 및 유사 직무분야에서 **1년 이상** 실무에 종사한 사람
2. **기능사** 자격을 취득한 후 응시하려는 종목이 속하는 동일 및 유사 직무분야에서 **3년 이상** 실무에 종사한 사람
3. 응시하려는 종목이 속하는 동일 및 유사 직무분야의 다른 종목의 기사 등급 이상의 자격을 취득한 사람
4. 관련학과의 대학졸업자 등 또는 그 졸업예정자
5. **3년제 전문대학** 관련학과 졸업자 등으로서 졸업 후 응시하려는 종목이 속하는 동일 및 유사 직무분야에서 **1년 이상** 실무에 종사한 사람
6. **2년제 전문대학** 관련학과 졸업자 등으로서 졸업 후 응시하려는 종목이 속하는 동일 및 유사 직무분야에서 **2년 이상** 실무에 종사한 사람
7. 동일 및 유사 직무분야의 **기사** 수준 기술훈련과정 이수자 또는 그 이수예정자
8. 동일 및 유사 직무분야의 **산업기사** 수준 기술훈련과정 이수자로서 이수 후 응시하려는 종목이 속하는 동일 및 유사 직무분야에서 **2년 이상** 실무에 종사한 사람
9. 응시하려는 종목이 속하는 동일 및 유사 직무분야에서 **4년 이상** 실무에 종사한 사람
10. 외국에서 동일한 종목에 해당하는 자격을 취득한 사람

📖 **산업기사** : 다음의 어느 하나에 해당하는 사람

1. **기능사** 등급 이상의 자격을 취득한 후 응시하려는 종목이 속하는 동일 및 유사 직무분야에 **1년 이상** 실무에 종사한 사람
2. 응시하려는 종목이 속하는 동일 및 유사 직무분야의 다른 종목의 산업기사 등급 이상의 자격을 취득한 사람
3. 관련학과의 **2년제** 또는 **3년제 전문대학**졸업자 등 또는 그 졸업예정자
4. 관련학과의 대학졸업자 등 또는 그 졸업예정자
5. 동일 및 유사 직무분야의 산업기사 수준 기술훈련과정 이수자 또는 그 이수예정자
6. 응시하려는 종목이 속하는 동일 및 유사 직무분야에서 **2년 이상** 실무에 종사한 사람
7. 고용노동부령으로 정하는 기능경기대회 입상자
8. 외국에서 동일한 종목에 해당하는 자격을 취득한 사람

※ 세부사항은 한국산업인력공단 **1644-8000**으로 문의바람

** 수험자 유의사항 **

- 일반사항

1. 시험문제를 받는 즉시 응시하고자 하는 종목의 문제지가 맞는지를 확인하여야 합니다.
2. 시험문제지 총면수 · 문제번호 순서 · 인쇄상태 등을 확인하고(**확인 이후 시험문제지 교체불가**), 수험번호 및 성명을 답안지에 기재하여야 합니다.
3. 부정 또는 불공정한 방법(시험문제 내용과 관련된 메모지 사용 등)으로 시험을 치른 자는 부정행위자로 처리되어 당해 시험을 중지 또는 무효로 하고, 3년간 국가기술자격검정의 응시자격이 정지됩니다.
4. 저장용량이 큰 전자계산기 및 유사 전자제품 사용 시에는 반드시 저장된 메모리를 초기화한 후 사용하여야 하며, 시험위원이 초기화 여부를 확인할 시 협조하여야 합니다. 초기화되지 않은 전자계산기 및 유사 전자제품을 사용하여 적발 시에는 부정행위로 간주합니다.
5. 시험 중에는 통신기기 및 전자기기(휴대용 전화기 및 **스마트워치** 등)를 지참하거나 사용할 수 없습니다.
6. **문제 및 답안(지), 채점기준은 공개하지 않습니다.**
7. 복합형 시험의 경우 시험의 전 과정(필답형, 작업형)을 응시하지 않은 경우 채점대상에서 제외합니다.
8. 국가기술자격 시험문제는 일부 또는 전부가 저작권법상 보호되는 저작물이고, 저작권자는 한국산업인력공단입니다. 문제의 일부 또는 전부를 무단 복제, 배포, 출판, 전자출판 하는 등 저작권을 침해하는 일체의 행위를 금합니다.

- 채점사항

1. 수험자 인적사항 및 계산식을 포함한 답안작성은 흑색 필기구만 사용해야 하며, 그 외 연필류, 빨간색, 청색 등 필기구로 작성한 답항은 0점 처리되오니 불이익을 당하지 않도록 유의해 주시기 바랍니다.
2. 답란에는 문제와 관련 없는 불필요한 낙서나 특이한 기록사항 등을 기재하여서는 안 되며, 답안지의 인적사항 기재란 외의 부분에 답안과 관련 없는 **특수한 표시를 하거나 특정인임을 암시하는 경우 답안지 전체를 0점 처리합니다.**
3. 계산문제는 반드시 「계산과정」과 「답」란에 기재하여야 하며, **계산과정이 틀리거나 없는 경우 0점 처리됩니다.**
4. 계산문제는 최종 결과 값(답)에서 소수 셋째자리에서 반올림하여 둘째자리까지 구하여야 하나 개별문제에서 소수 처리에 대한 요구사항이 있을 경우 그 요구사항에 따라야 합니다.
5. 답에 단위가 없으면 오답으로 처리됩니다. (단, 문제의 요구사항에 단위가 주어졌을 경우는 생략되어도 무방합니다.)
6. 문제에서 요구한 가지수(항수) 이상을 답란에 표기한 경우에는 답란기재 순으로 요구된 가지수(항수)만 채점하고 한 항에 여러 가지를 기재하더라도 한 가지로 보며 그중 정답과 오답이 함께 기재되어 있을 경우 오답으로 처리됩니다.
7. 답안 정정 시에는 정정하고자 하는 단어에 두 줄(=)을 긋고 다시 기재 가능하며, 수정테이프 등은 사용할 수 없으며, 수정테이프 사용 시 채점대상에서 제외됨을 알려드립니다.

※ 수험자 유의사항 미준수로 인한 채점상의 불이익은 수험자 본인에게 책임이 있습니다.

▌2023년 기사 제1회 필답형 실기시험 ▌		수험번호	성명	감독위원 확 인
자격종목 **소방설비기사(기계분야)**	시험시간 **3시간**	형별		

※ 다음 물음에 답을 해당 답란에 답하시오.(배점 : 100)

★★★
🔍 **문제 01**

펌프의 직경 1m, 회전수 1750rpm, 유량 750m³/min, 동력 100kW로 가압송수하고 있다. 펌프의 효율 75%, 정압 50mmAq, 전압 80mmAq일 때 다음 각 물음에 답하시오. (단, 펌프의 상사법칙을 적용한다.)

(21.11.문15, 17.4.문13, 16.4.문13, 12.7.문13, 11.11.문2, 07.11.문8)

득점	배점
	6

(개) 회전수를 2000rpm으로 변경시 유량(m³/min)을 구하시오. (단, 펌프의 직경은 1m이다.)

> 유사문제부터 풀어보세요.
> 실력이 **팍! 팍!** 올라갑니다.

ㅇ계산과정 :

ㅇ답 :

(내) 펌프의 직경을 1.2m로 변경시 동력(kW)을 구하시오. (단, 회전수는 1750rpm으로 변함이 없다.)

ㅇ계산과정 :

ㅇ답 :

(대) 펌프의 직경을 1.2m로 변경시 정압(mmAq)을 구하시오. (단, 회전수는 1750rpm으로 변함이 없다.)

ㅇ계산과정 :

ㅇ답 :

 해답

(개) ㅇ계산과정 : $750 \times \left(\frac{2000}{1750}\right) \times \left(\frac{1}{1}\right)^3 = 857.142 ≒ 857.14 \text{m}^3/\text{min}$

   ㅇ답 : 857.14m³/min

(내) ㅇ계산과정 : $100 \times \left(\frac{1750}{1750}\right)^3 \times \left(\frac{1.2}{1}\right)^5 = 248.832 ≒ 248.83 \text{kW}$

   ㅇ답 : 248.83kW

(대) ㅇ계산과정 : $50 \times \left(\frac{1750}{1750}\right)^2 \times \left(\frac{1.2}{1}\right)^2 = 72 \text{mmAq}$

   ㅇ답 : 72mmAq

 해설

┌─────────┐
│ **기호** │
└─────────┘

- D_1 : 1m
- N_1 : 1750rpm
- Q_1 : 750m³/min
- P_1 : 100kW
- H_1 : 50mmAq
- D_2 : 1.2m
- N_2 : 2000rpm
- η : 75%

(가) **유량** Q_2는

$$Q_2 = Q_1\left(\frac{N_2}{N_1}\right)\left(\frac{D_1{'}}{D_1}\right)^3 = 750\text{m}^3/\text{min} \times \left(\frac{2000\,\text{rpm}}{1750\,\text{rpm}}\right) \times \left(\frac{1\text{m}}{1\text{m}}\right)^3 = 857.142 \fallingdotseq 857.14\text{m}^3/\text{min}$$

- $D_1{'}$: 1m(단서에서 주어짐)

(나) 축동력 P_2는

$$P_2 = P_1\left(\frac{N_1{'}}{N_1}\right)^3\left(\frac{D_2}{D_1}\right)^5 = 100\text{kW} \times \left(\frac{1750\,\text{rpm}}{1750\,\text{rpm}}\right)^3 \times \left(\frac{1.2\text{m}}{1\text{m}}\right)^5 = 248.832 \fallingdotseq 248.83\text{kW}$$

- $N_1{'}$: 1750rpm(단서에서 주어짐)

(다) 정압 H_2는

$$H_2 = H_1\left(\frac{N_1{'}}{N_1}\right)^2\left(\frac{D_2}{D_1}\right)^2 = 50\text{mmAq} \times \left(\frac{1750\,\text{rpm}}{1750\,\text{rpm}}\right)^2 \times \left(\frac{1.2\text{m}}{1\text{m}}\right)^2 = 72\text{mmAq}$$

- $N_1{'}$: 1750rpm(단서에서 주어짐)
- 정압을 구하라고 했으므로 문제에서 정압 50mmAq 적용
- 단위가 mmAq로 주어졌으므로 mmAq로 그대로 답하면 됨

중요

유량, 양정, 축동력

유량	양정(정압 또는 전압)	축동력(동력)
회전수에 비례하고 **직경**(관경)의 세제곱에 비례한다.	회전수의 제곱 및 **직경**(관경)의 제곱에 비례한다.	회전수의 세제곱 및 **직경**(관경)의 오제곱에 비례한다.
$Q_2 = Q_1\left(\dfrac{N_2}{N_1}\right)\left(\dfrac{D_2}{D_1}\right)^3$ 또는 $Q_2 = Q_1\left(\dfrac{N_2}{N_1}\right)$	$H_2 = H_1\left(\dfrac{N_2}{N_1}\right)^2\left(\dfrac{D_2}{D_1}\right)^2$ 또는 $H_2 = H_1\left(\dfrac{N_2}{N_1}\right)^2$	$P_2 = P_1\left(\dfrac{N_2}{N_1}\right)^3\left(\dfrac{D_2}{D_1}\right)^5$ 또는 $P_2 = P_1\left(\dfrac{N_2}{N_1}\right)^3$
여기서, Q_2 : 변경 후 유량[L/min] Q_1 : 변경 전 유량[L/min] N_2 : 변경 후 회전수[rpm] N_1 : 변경 전 회전수[rpm] D_2 : 변경 후 직경(관경)[mm] D_1 : 변경 전 직경(관경)[mm]	여기서, H_2 : 변경 후 양정[m] H_1 : 변경 전 양정[m] N_2 : 변경 후 회전수[rpm] N_1 : 변경 전 회전수[rpm] D_2 : 변경 후 직경(관경)[mm] D_1 : 변경 전 직경(관경)[mm]	여기서, P_2 : 변경 후 축동력[kW] P_1 : 변경 전 축동력[kW] N_2 : 변경 후 회전수[rpm] N_1 : 변경 전 회전수[rpm] D_2 : 변경 후 직경(관경)[mm] D_1 : 변경 전 직경(관경)[mm]

★★★
문제 02

사무실 건물의 지하층에 있는 발전기실에 화재안전기준과 다음 조건에 따라 전역방출방식(표면화재) 이산화탄소 소화설비를 설치하려고 한다. 다음 각 물음에 답하시오. (22.5.문1, 19.11.문1, 15.7.문6, 04.10.문5)

[조건]

득점	배점
	6

① 소화설비는 고압식으로 한다.
② 발전기실의 크기 : 가로 7m×세로 10m×높이 5m
   발전기실의 개구부 크기 : 1.8m×3m×2개소(자동폐쇄장치 있음)
③ 가스용기 1본당 충전량 : 45kg

(가) 가스용기는 몇 본이 필요한가?
   ○계산과정 :
   ○답 :

(나) 선택밸브 직후의 유량은 몇 kg/s인가?
　ㅇ계산과정 :
　ㅇ답 :
(다) 음향경보장치는 약제방사 개시 후 얼마 동안 경보를 계속할 수 있어야 하는가?
(라) 가스용기의 개방밸브는 작동방식에 따라 3가지로 분류된다. 그 명칭을 쓰시오.
　ㅇ
　ㅇ
　ㅇ

 해답 (가) ㅇ계산과정 : $\dfrac{280}{45}=6.2 ≒ 7$본

　　　　　ㅇ답 : 7본

(나) ㅇ계산과정 : $\dfrac{45\times7}{60}=5.25\,\text{kg/s}$

　　　　　ㅇ답 : 5.25kg/s

(다) 1분 이상

(라) ① 전기식
　　② 가스압력식
　　③ 기계식

해설

‖표면화재의 약제량 및 개구부가산량‖

방호구역체적	약제량	개구부가산량(자동폐쇄장치 미설치시)	최소저장량
45m³ 미만	1kg/m³		45kg
45~150m³ 미만	0.9kg/m³	5kg/m²	
150~1450m³ 미만 →	0.8kg/m³		135kg
1450m³ 이상	0.75kg/m³		1125kg

방호구역체적 $=(7\times10\times5)\text{m}^3=350\text{m}^3$

• 350m³로서 150~1450m³ 미만이므로 약제량은 **0.8kg/m³** 적용

(가) CO_2 저장량[kg]

　　=**방**호구역제석[m³]×**약**제량[kg/m³]×**보**성계수+**개**구부면적[m²]×개구부가산**산**량[kg/m²]

기억법 **방약보+개산**

　　=(7×10×5)m³×0.8kg/m³=280kg

저장용기 본수 $=\dfrac{\text{약제저장량}}{\text{충전량}}=\dfrac{280\text{kg}}{45\text{kg}}=6.2 ≒ 7$본

• 최소저장량인 135kg보다 크므로 그대로 적용
• 보정계수는 주어지지 않았으므로 무시
• [조건 ②]에서 자동폐쇄장치가 있으므로 개구부면적 및 개구부가산량 제외
• [조건 ③]에서 충전량은 **45kg**이다.
• 저장용기 본수 산정시 계산결과에서 소수가 발생하면 반드시 **절상**

(나) 선택밸브 직후의 유량 $=\dfrac{\text{1병당 저장량[kg]}\times\text{병수}}{\text{약제방출시간[s]}}=\dfrac{45\text{kg}\times7\text{본}}{60\text{s}}=5.25\,\text{kg/s}$

‖ 약제방사시간 ‖

소화설비		전역방출방식		국소방출방식	
		일반건축물	위험물제조소	일반건축물	위험물제조소
할론소화설비		10초 이내	30초 이내	10초 이내	30초 이내
분말소화설비		30초 이내		30초 이내	
CO_2 소화설비	표면화재 →	1분 이내	60초 이내		
	심부화재	7분 이내			

- 문제에서 **전역방출방식(표면화재)**이고, 발전기실은 **일반건축물**에 설치하므로 약제방출시간은 **1분** 적용
- **표면화재** : 가연성 액체 · 가연성 가스
- **심부화재** : 종이 · 목재 · 석탄 · 섬유류 · 합성수지류

비교

(1) 선택밸브 직후의 유량 = $\dfrac{1병당\ 저장량[kg] \times 병수}{약제방출시간[s]}$

(2) 방사량 = $\dfrac{1병당\ 저장량[kg] \times 병수}{헤드수 \times 약제방출시간[s]}$

(3) 약제의 유량속도 = $\dfrac{1병당\ 충전량[kg] \times 병수}{약제방출시간[s]}$

(4) 분사헤드수 = $\dfrac{1병당\ 저장량[kg] \times 병수}{헤드\ 1개의\ 표준방사량[kg]}$

(5) 개방밸브(용기밸브) 직후의 유량 = $\dfrac{1병당\ 충전량[kg]}{약제방출시간[s]}$

(다) **약제방사 후 경보장치의 작동시간**
- 분말소화설비 ┐
- 할론소화설비 ├ **1분** 이상
- CO_2 소화설비 ┘

(라) CO_2 소화약제 저장용기의 개방밸브는 **전기식 · 가스압력식** 또는 **기계식**에 의하여 자동으로 개방되고 수동으로도 개방되는 것으로서 안전장치가 부착된 것으로 해야 한다. 이 중에서 **전기식**과 **가스압력식**이 일반적으로 사용

★★★
문제 03

다음 조건을 기준으로 옥내소화전설비에 대한 물음에 답하시오.

(19.6.문4, 18.6.문7, 15.11.문1, 14.4.문3, 13.4.문9, 07.7.문2)

득점	배점
	7

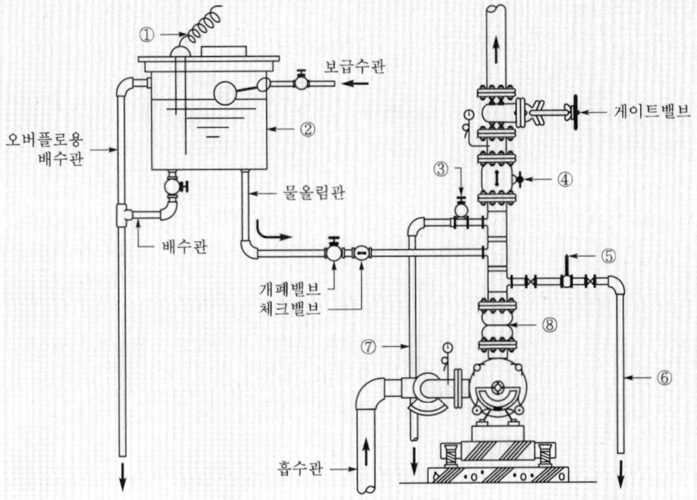

(가) 그림에서 ①, ②, ③, ④, ⑤, ⑥, ⑦, ⑧번의 명칭을 기입하시오.

①

②

③

④

⑤

⑥

⑦

⑧

(나) 펌프의 정격토출압력이 1MPa일 때, 기호 ③은 최대 몇 MPa에서 개방되도록 해야 하는지 구하시오.

○ 계산과정 :

○ 답 :

(다) 기호 ②에 연결된 급수배관의 최소구경[mm] 기준을 쓰시오.

○

(라) 기호 ②의 최소용량[L]을 쓰시오.

○

해답 (가) ① 감수경보장치

② 물올림수조

③ 릴리프밸브

④ 체크밸브

⑤ 유량계

⑥ 성능시험배관

⑦ 순환배관

⑧ 플렉시블 조인트

(나) ○ 계산과정 : 1×1.4 = 1.4MPa

○ 답 : 1.4MPa

(다) 15mm

(라) 100L

해설 (가)

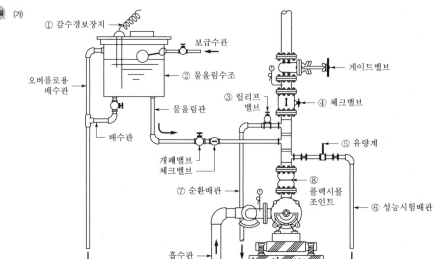

① 감수경보장치
보급수관
게이트밸브
오버플로용 배수관
② 물올림수조
③ 릴리프밸브
④ 체크밸브
물올림관
배수관
개폐밸브 체크밸브
⑤ 유량계
⑧ 플렉시블 조인트
⑦ 순환배관
⑥ 성능시험배관
흡수관

기 호	명 칭	설 명
①	감수경보장치	물올림수조에 물이 부족할 경우 **감시제어반**에 **신호**를 보내는 장치
②	물올림수조	펌프와 후드밸브 사이의 흡입관 내에 물을 항상 채워주기 위해 필요한 수조
③	릴리프밸브	체절운전시 체절압력 이하에서 개방되는 밸브('**안전밸브**'라고 쓰면 틀림)
④	체크밸브	펌프토출측의 물이 **자연압**에 의해 아래로 내려오는 것을 막기 위한 밸브('**스모렌스키 체크밸브**'라고 써도 정답)
⑤	유량계	펌프의 **성능시험**시 **유량측정**계기
⑥	성능시험배관	체절운전시 정격토출압력의 **140%**를 초과하지 아니하고, 정격토출량의 **150%**로 운전시 정격토출압력의 **65%** 이상이 되는지 시험하는 배관
⑦	순환배관	**펌프**의 체절운전시 **수온**의 **상승**을 **방지**하기 위한 배관
⑧	플렉시블 조인트	**펌프**의 **진동흡수**

비교

(1) 플렉시블 조인트 vs **플렉시블 튜브**

구 분	플렉시블 조인트	플렉시블 튜브
용도	펌프의 진동흡수	구부러짐이 많은 배관에 사용
설치장소	펌프의 흡입측·토출측	저장용기~집합관 설비
도시기호		
설치 예		

(2) 릴리프밸브 vs **안전밸브**

구 분	릴리프밸브	안전밸브
정의	**수계 소화설비**에 사용되며 조작자가 작동압력을 임의로 조정할 수 있다.	**가스계 소화설비**에 사용되며 작동압력은 제조사에서 설정되어 생산되며 조작자가 작동압력을 임의로 조정할 수 없다.
적응유체	**액체**	**기체** 기억법 기안(기안 올리기)
개방형태	설정 압력 초과시 **서서히 개방**	설정 압력 초과시 **순간적**으로 완전 **개방**
작동압력 조정	조작자가 작동압력 **조정 가능**	조작자가 작동압력 **조정 불가**

구조	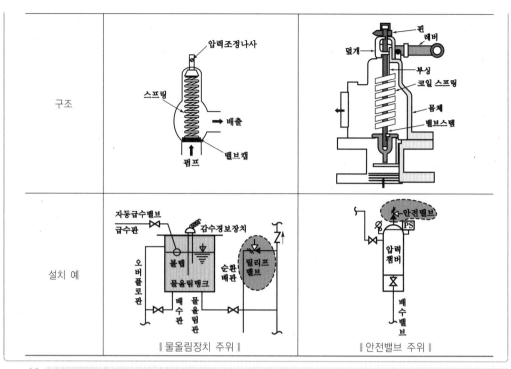	
설치 예	‖ 물올림장치 주위 ‖	‖ 안전밸브 주위 ‖

(나)

- 릴리프밸브의 작동압력은 **체절압력 이하**로 설정하여야 한다. 체절압력은 **정격토출압력**(정격압력)의 **140%** 이하이므로 릴리프밸브의 작동압력=정격토출압력×1.4

릴리프밸브의 작동압력(개방압력)=정격토출압력×1.4=1MPa×1.4=**1.4MPa**

- 최대압력을 물어봤으므로 이 문제에서는 '이하'까지 쓸 필요없음

‖ 체절점·설계점·150% 유량점 ‖

체절점(체절운전점)	설계점	150% 유량점(운전점)
정격토출양정×1.4	정격토출양정×1.0	정격토출양정×0.65
• **정의** : 체절압력이 정격토출압력의 **140%**를 **초과**하지 아니하는 점 • 정격토출압력(양정)의 **140%**를 **초과**하지 아니하여야 하므로 정격토출양정에 **1.4**를 곱하면 된다. • 140%를 초과하지 아니하여야 하므로 '이하'라는 말을 반드시 쓸 것	• **정의** : 정격토출량의 **100%**로 운전시 정격토출압력의 **100%**로 운전하는 점 • 펌프의 성능곡선에서 설계점은 **정격토출양정**의 100% 또는 **정격토출량**의 100%이다. • 설계점은 '이상', '이하'라는 말을 쓰지 않는다.	• **정의** : 정격토출량의 **150%**로 운전시 정격토출압력의 **65% 이상**으로 운전하는 점 • 정격토출량의 **150%**로 운전시 정격토출압력(양정)의 **65% 이상**이어야 하므로 정격토출양정에 **0.65**를 곱하면 된다. • 65% 이상이어야 하므로 '이상'이라는 말을 반드시 쓸 것

- 체절점=체절운전점=무부하시험
- 설계점=100% 운전점=100% 유량운전점=정격운전점=정격부하운전점=정격부하시험
- 150% 유량점=150% 운전점=150% 유량운전점=최대운전점=과부하운전점=피크부하시험

(다), (라) **용량** 및 **구경**

구 분	설 명
급수배관 구경 ⟶	**15mm** 이상
순환배관 구경	**20mm** 이상(정격토출량의 **2~3%** 용량)
물올림관 구경	**25mm** 이상(높이 **1m** 이상)
오버플로관 구경	**50mm** 이상
물올림수조 용량 ⟶	**100L** 이상
압력챔버의 용량	**100L** 이상

- 최소구경, 최소용량을 물어보았으면 '**이상**'까지 쓰지 않아도 된다.

 문제 04

그림과 같이 연결송수관설비를 설치하려고 한다. 다음 각 물음에 답하시오.

(17.4.문11, 15.4.문7, 13.7.문6, 09.4.문12)

득점	배점
	5

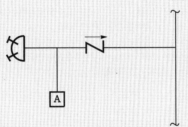

(가) 연결송수관설비는 습식, 건식 중 어떤 것에 해당하는지 고르시오.
  ○ 습식 / 건식
(나) A부분의 명칭과 도시기호를 그리시오.
  ○ 명칭 :
  ○ 도시기호 :
(다) A의 설치목적을 쓰시오.
  ○

해답 (가) 습식
(나) ○ 명칭 : 자동배수밸브

  ○ 도시기호 :

(다) 배관의 동파 및 부식 방지

해설 (가)

- 자동배수밸브()가 **1개**만 있으므로 **습식**, 자동배수밸브가 **2개** 있으면 **건식**

연결송수관설비의 **송수구 설치기준**(NFPC 502 4조, NFTC 502 2.1.1)
① 송수구의 부근에는 자동배수밸브 및 체크밸브를 다음의 기준에 따라 설치할 것. 이 경우 자동배수밸브는 배관 안의 물이 잘 빠질 수 있는 위치에 설치하되, 배수로 인하여 다른 물건이나 장소에 피해를 주지 아니하여야 한다.
  ㉠ **습식**의 경우에는 **송수구 · 자동배수밸브 · 체크밸브**의 순으로 설치할 것

 송자체습(**송자**는 **채식**주의자)

ⓛ **건식**의 경우에는 **송수구 · 자동배수밸브 · 체크밸브 · 자동배수밸브**의 순으로 설치할 것

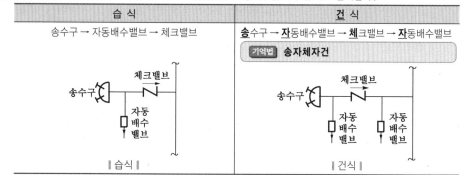

습 식	건 식
송수구 → 자동배수밸브 → 체크밸브	**송**수구 → **자**동배수밸브 → **체**크밸브 → **자**동배수밸브

② 소방차가 쉽게 접근할 수 있고 잘 보이는 장소에 설치하되 화재층으로부터 지면으로 떨어지는 유리창 등이 송수 및 그 밖의 소화작업에 지장을 주지 않는 장소에 설치할 것
③ 지면으로부터 높이가 **0.5~1m 이하**의 위치에 설치할 것
④ 송수구는 화재층으로부터 지면으로 떨어지는 유리창 등이 송수 및 그 밖의 소화작업에 지장을 주지 않는 장소에 설치할 것
⑤ 구경 **65mm**의 **쌍구형**으로 할 것
⑥ 송수구에는 그 가까운 곳의 보기 쉬운 곳에 **송수압력범위**를 표시한 표지를 할 것
⑦ 송수구는 연결송수관의 **수직배관마다 1개 이상**을 설치할 것. 다만, 하나의 건축물에 설치된 각 수직배관이 중간에 개폐밸브가 설치되지 아니한 배관으로 상호 연결되어 있는 경우에는 건축물마다 **1개**씩 설치할 수 있다.
⑧ 송수구에는 가까운 곳의 보기 쉬운 곳에 "**연결송수관설비 송수구**"라고 표시한 **표지**를 설치할 것
⑨ **송수구**에는 이물질을 막기 위한 **마개**를 씌울 것

비교

연결살수설비 송수구 설치기준(NFPC 503 4조, NFTC 503 2.1.3)

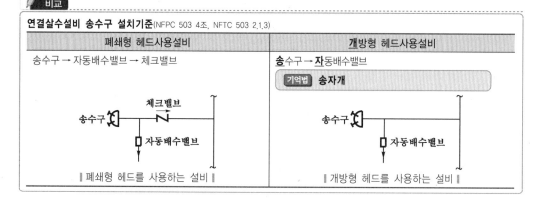

폐쇄형 헤드사용설비	**개**방형 헤드사용설비
송수구 → 자동배수밸브 → 체크밸브	**송**수구 → **자**동배수밸브

(나) •'**자동배수밸브**'가 정답! '**자동배수설비**'가 아님

‖ 도시기호 ‖

분 류	명 칭	도시기호
밸브류	솔레노이드밸브	⊗ Ⓢ
	모터밸브	⊗ Ⓜ
	릴리프밸브 (이산화탄소용)	◆

	릴리프밸브 (일반)	
밸브류	동체크밸브	
	앵글밸브	
	풋밸브	
	볼밸브	
	배수밸브	
	자동배수밸브 [질문 (나)]	
	여과망	
	자동밸브	
	감압밸브	
	공기조절밸브	

(다)
- 더 길게 쓰고 싶은 사람은 '**배관 내에 고인물을 자동으로 배수시켜 동파 및 부식방지**'라고 써도 정답!

연결송수구 부분은 노출되어 있으므로 배관에 물이 고여있을 경우 배관의 **동파** 및 **부식**의 우려가 있으므로 자동배수밸브(auto drip)를 설치하여 설비를 사용한 후에는 배관 내에 고인 물을 **자동**으로 **배수**시키도록 되어 있다.

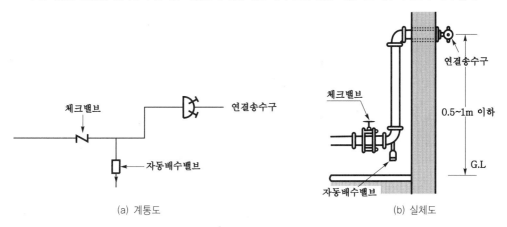

(a) 계통도   (b) 실체도

‖ 습식 연결송수관설비 자동배수밸브의 설치 ‖

★★★
문제 05

연결송수관설비가 겸용된 옥내소화전설비가 설치된 5층 건물이 있다. 옥내소화전이 1~4층에 4개씩, 5층에 7개일 때 조건을 참고하여 다음 각 물음에 답하시오. (20.11.문1, 17.6.문14, 15.11.문4, 11.7.문11)

〔조건〕

	득점	배점
		10

① 실양정은 20m, 배관의 마찰손실수두는 실양정의 20%, 관부속품의 마찰손실수두는 배관마찰손실수두의 50%로 본다.
② 소방호스의 마찰손실수두값은 호스 100m당 26m이며, 호스길이는 15m이다.
③ 배관의 내경

호칭경	15A	20A	25A	32A	40A	50A	65A	80A	100A
내경[mm]	16.4	21.9	27.5	36.2	42.1	53.2	69	81	105.3

④ 펌프의 효율은 60%이며 전달계수는 1.2이다.
⑤ 성능시험배관의 배관직경 산정기준은 정격토출량의 150%로 운전시 정격토출압력의 65% 기준으로 계산한다.

(개) 펌프의 전양정[m]을 구하시오.
　　○계산과정 :
　　○답 :

(내) 펌프의 성능곡선이 다음과 같을 때 이 펌프는 화재안전기준에서 요구하는 성능을 만족하는지 여부를 판정하시오. (단, 이유를 쓰고 '적합' 또는 '부적합'으로 표시하시오.)

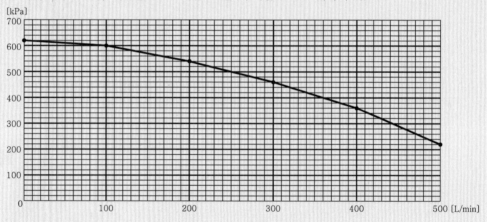

○

(대) 펌프의 성능시험을 위한 유량측정장치의 최대 측정유량[L/min]을 구하시오.
　　○계산과정 :
　　○답 :

(래) 토출측 주배관에서 배관의 최소 구경을 구하시오. (단, 유속은 최대 유속을 적용한다.)
　　○계산과정 :
　　○답 :

(매) 펌프의 동력[kW]을 구하시오.
　　○계산과정 :
　　○답 :

해답 (가) ○ 계산과정 : $h_1 = 15 \times \dfrac{26}{100} = 3.9\text{m}$

$h_2 = (20 \times 0.2) + (4 \times 0.5) = 4 + 2 = 6\text{m}$

$h_3 = 20\text{m}$

$H = 3.9 + 6 + 20 + 17 = 46.9\text{m}$

○ 답 : 46.9m

(나) ○ 계산과정 : $Q = 2 \times 130 = 260\text{L/min}$

$260 \times 1.5 = 390\text{L/min}$

$469 \times 0.65 = 304.85\text{kPa}$

○ 답 : 약 375kPa로 304.85kPa 이상이므로 적합

(다) ○ 계산과정 : $260 \times 1.75 = 455\text{L/min}$

○ 답 : 455L/min

(라) ○ 계산과정 : $\sqrt{\dfrac{4 \times 0.26/60}{\pi \times 4}} ≒ 0.037\text{m} = 37\text{mm}\,(\therefore\ 100\text{A})$

○ 답 : 100A

(마) ○ 계산과정 : $\dfrac{0.163 \times 0.26 \times 46.9}{0.6} \times 1.2 = 3.975 ≒ 3.98\text{kW}$

○ 답 : 3.98kW

해설 (가) | **전양정** |

$$H \geqq h_1 + h_2 + h_3 + 17$$

여기서, H : 전양정[m]

$\quad h_1$: 소방호스의 마찰손실수두[m]

$\quad h_2$: 배관 및 관부속품의 마찰손실수두[m]

$\quad h_3$: 실양정(흡입양정+토출양정)[m]

$h_1 : 15\text{m} \times \dfrac{26}{100} = 3.9\text{m}$

- **15m** : [조건 ②]에서 소방호스의 길이 적용
- $\dfrac{26}{100}$: [조건 ②]에서 호스 100m당 26m이므로 $\dfrac{26}{100}$ 적용

h_2 : 배관의 마찰손실수두＝실양정×20%＝$20\text{m} \times 0.2$

- **20m** : [조건 ①]에서 주어진 값
- **0.2** : [조건 ①]에서 배관의 마찰손실수두는 실양정의 20%이므로 0.2 적용

h_2 : 관부속품의 마찰손실수두＝배관의 마찰손실수두×50%＝$4\text{m} \times 0.5$

- [조건 ①]에서 관부속품의 마찰손실수두＝배관의 마찰손실수두×50%
- **4m** : 바로 위에서 구한 배관의 마찰손실수두
- **0.5** : [조건 ①]에서 50%＝0.5 적용

$h_3 : 20\text{m}$

- **20m** : [조건 ①]에서 주어진 값

전양정 $H = h_1 + h_2 + h_3 + 17 = 3.9\text{m} + [(20\text{m} \times 0.2) + (4\text{m} \times 0.5)] + 20\text{m} + 17 = 46.9\text{m}$

(나) ①

체절점(체절운전점)	설계점	150% 유량점(운전점)
정격토출양정×1.4	정격토출양정×1.0	정격토출양정×0.65
• **정의** : 체절압력이 정격토출압력의 **140%**를 **초과**하지 아니하는 점 • 정격토출압력(양정)의 **140%**를 **초과**하지 아니하여야 하므로 정격토출양정에 **1.4**를 곱하면 된다. • 140%를 초과하지 아니하여야 하므로 '**이하**'라는 말을 반드시 쓸 것	• **정의** : 정격토출량의 **100%**로 운전시 정격토출압력의 **100%**로 운전하는 점 • 펌프의 성능곡선에서 설계점은 **정격토출양정**의 **100%** 또는 **정격토출량**의 **100%**이다. • 설계점은 '**이상**', '**이하**'라는 말을 쓰지 않는다.	• **정의** : 정격토출량의 **150%**로 운전시 정격토출압력의 **65% 이상**으로 운전하는 점 • 정격토출량의 **150%**로 운전시 정격토출압력(양정)의 **65% 이상**이어야 하므로 정격토출양정에 **0.65**를 곱하면 된다. • 65% 이상이어야 하므로 '**이상**'이라는 말을 반드시 쓸 것

• 체절점=체절운전점=무부하시험
• 설계점=100% 운전점=100% 유량운전점=정격운전점=정격부하운전점=정격부하시험
• 150% 유량점=150% 운전점=150% 유량운전점=최대운전점=과부하운전점=피크부하시험

② 150% 운전유량
옥내소화전 정격유량(정격토출량)

$$Q = N \times 130\text{L/min}$$

여기서, Q : 유량(토출량)[L/min]
　　　　　N : 가장 많은 층의 소화전개수(30층 미만 : **최대 2개**, 30층 이상 : **최대 5개**)
펌프의 정격토출량 Q는
$Q = N \times 130\text{L/min} = 2 \times 130\text{L/min} = 260\text{L/min}$

• 문제에서 가장 많은 소화전개수 N=**2개**

150% 운전유량=정격토출량×1.5　　　= $260\text{L/min} \times 1.5 = 390\text{L/min}$

③ 150% 토출압력

150% 토출압력=정격토출압력×0.65　　　= $469\text{kPa} \times 0.65 = 304.85\text{kPa}$ 이상

정격토출압력=46.9m ≒ 0.469MPa=469kPa(100m=1MPa, 1MPa=1000kPa)

• 46.9m : ㈜에서 구한 값

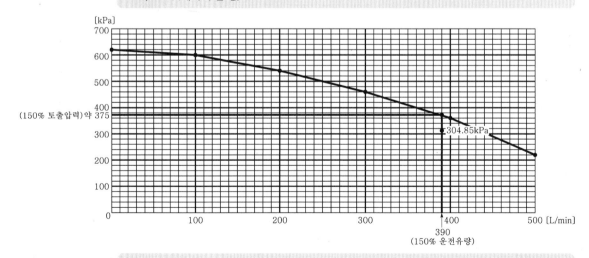

• 위 그래프에서 150% 운전유량 390L/min일 때 토출압력은 약 375kPa가 되어 150% 토출압력 304.85kPa 이상이 되므로 **적합**함

(다)

유량측정장치의 최대 측정유량=펌프의 정격토출량×1.75

$$=260L/min×1.75=455L/min$$

- 유량측정장치는 펌프의 정격토출량의 **175%** 이상 측정할 수 있어야 하므로 유량측정장치의 성능은 펌프의 **정격토출량×1.75**가 된다.
- **260L/min** : (나)에서 구한 값

(라)

$$Q=AV=\frac{\pi D^2}{4}V$$

여기서, Q : 유량[m³/s]
　　　　A : 단면적[m²]
　　　　V : 유속[m/s]
　　　　D : 내경[m]

$$Q=\frac{\pi D^2}{4}V$$ 에서

배관의 **내경** D는

$$D=\sqrt{\frac{4Q}{\pi V}}=\sqrt{\frac{4×260L/min}{\pi×4m/s}}=\sqrt{\frac{4×0.26m^3/min}{\pi×4m/s}}=\sqrt{\frac{4×0.26m^3/60s}{\pi×4m/s}}≒0.037m=37mm$$

- Q(**260L/min**) : (나)에서 구한 값
- 배관 내의 유속

설 비		유 속
옥내소화전설비		→ 4m/s 이하
스프링클러설비	가지배관	6m/s 이하
	기타배관	10m/s 이하

- [단서]에서 **최대 유속**을 적용하라고 했으므로 위 표에서 **4m/s** 적용

‖ 배관의 내경 ‖

호칭경	15A	20A	25A	32A	40A	50A	65A	80A	100A
내경[mm]	16.4	21.9	27.5	36.2	42.1	53.2	69	81	105.3

- 내경 **37mm** 이상이므로 호칭경은 40A이지만 **연결송수관설비**가 **겸용**이므로 **100A** 선정
- 성능시험배관은 최소 구경이 정해져 있지 않지만 다음의 배관은 최소 구경이 정해져 있으므로 주의하자!

구 분	구 경
주배관 중 **수직배관**, 펌프 토출측 **주배관**	50A 이상
연결송수관인 방수구가 연결된 경우(연결송수관설비의 배관과 겸용할 경우) →	100A 이상

(마) **전동기**의 **용량**

$$P=\frac{0.163QH}{\eta}K$$

여기서, P : 전동력[kW]
　　　　Q : 유량[m³/min]
　　　　H : 전양정[m]
　　　　K : 전달계수
　　　　η : 효율

전동기의 **용량** P는

$$P=\frac{0.163QH}{\eta}K=\frac{0.163×0.26m^3/min×46.9m}{0.6}×1.2=3.975≒3.98kW$$

- 46.9m : ㈎에서 구한 값
- 0.26m³/min : ㈏에서 260L/min=0.26m³/min(1000L=1m³)
- η(효율) : 〔조건 ④〕에서 **60%=0.6**
- K(전달계수) : 〔조건 ④〕에서 **1.2**

문제 06

다음은 승강식 피난기 및 하향식 피난구용 내림식 사다리의 설치기준이다. ( ) 안을 완성하시오.

(20.5.문6)

득점	배점
	6

○ 대피실의 면적은 (①)m²(2세대 이상일 경우에는 3m²) 이상으로 하고, 「건축법 시행령」 제46조 제4항의 규정에 적합하여야 하며 하강구(개구부) 규격은 직경 60cm 이상일 것. 단, 외기와 개방된 장소에는 그러하지 아니한다.

○ 하강구 내측에는 기구의 연결금속구 등이 없어야 하며 전개된 피난기구는 하강구 수평투영면적 공간 내의 범위를 침범하지 않는 구조이어야 할 것. 단, 직경 (②)cm 크기의 범위를 벗어난 경우이거나, 직하층의 바닥면으로부터 높이 50cm 이하의 범위는 제외한다.

○ 대피실의 출입문은 (③) 또는 (④)으로 설치하고, 피난방향에서 식별할 수 있는 위치에 "대피실" 표지판을 부착할 것. 단, 외기와 개방된 장소에는 그러하지 아니한다.

○ 착지점과 하강구는 상호 수평거리 (⑤)cm 이상의 간격을 둘 것

○ 승강식 피난기는 (⑥) 또는 법 제42조 제1항에 따라 성능시험기관으로 지정받은 기관에서 그 성능을 검증받은 것으로 설치할 것

해답
① 2
② 60
③ 60분+방화문
④ 60분 방화문
⑤ 15
⑥ 한국소방산업기술원

해설
- 기호 ③, ④는 답이 서로 바뀌어도 정답

승강식 피난기 및 **하향식 피난구용 내림식 사다리**의 **설치기준**(NFPC 301 5조 ③항, NFTC 301 2.1.3.9)

(1) 승강식 피난기 및 하향식 피난구용 내림식 사다리는 설치경로가 설치층에서 **피난층**까지 연계될 수 있는 구조로 설치할 것(단, 건축물 규모가 **지상 5층 이하**로서, 구조 및 설치 여건상 불가피한 경우는 제외)

(2) 대피실의 면적은 **2m²(2세대 이상**일 경우에는 **3m²**) 이상으로 하고, 건축법 시행령 제46조 제④항의 규정에 적합하여야 하며 하강구(개구부) 규격은 직경 **60cm** 이상일 것(단, 외기와 개방된 장소는 제외) 질문 ①②

(3) 하강구 내측에는 기구의 **연결금속구** 등이 없어야 하며 전개된 피난기구는 하강구 수평투영면적 공간 내의 범위를 침범하지 않은 구조이어야 할 것(단, 직경 **60cm** 크기의 범위를 벗어난 경우이거나, 직하층의 바닥면으로부터 높이 **50cm** 이하의 범위는 제외)

(4) 대피실의 출입문은 **60분+방화문** 또는 **60분 방화문**으로 설치하고, 피난방향에서 식별할 수 있는 위치에 **"대피실"** 표지판을 부착할 것(단, 외기와 개방된 장소는 제외) 질문 ③④

(5) 착지점과 하강구는 상호 **수평거리 15cm** 이상의 간격을 둘 것 질문 ⑤

(6) 대피실 내에는 **비상조명등**을 설치할 것

(7) 대피실에는 **층**의 **위치표시**와 **피난기구 사용설명서** 및 **주의사항 표지판**을 부착할 것

(8) 대피실 출입문이 개방되거나, 피난기구 작동시 해당층 및 직하층 거실에 설치된 **표시등** 및 **경보장치**가 작동되고, **감시제어반**에서는 피난기구의 작동을 확인할 수 있어야 할 것

(9) 사용시 기울거나 흔들리지 않도록 설치할 것

(10) 승각식 피난기는 **한국소방산업기술원** 또는 성능시험기관으로 지정받은 기관에서 그 성능을 검증받은 것으로 설치할 것 질문 ⑥

★★★ 문제 07

소화펌프 기동시 일어날 수 있는 맥동현상(surging)의 정의 및 방지대책 2가지를 쓰시오.

(15.7.문13, 14.11.문8, 10.7.문9)

(가) 정의

　○

(나) 방지대책

　○

　○

득점	배점
	6

해답 (가) 진공계·압력계가 흔들리고 진동과 소음이 발생하며 펌프의 토출유량이 변하는 현상

(나) ○ 배관 중에 불필요한 수조 제거
　　 ○ 풍량 또는 토출량을 줄임

해설 **관 내에서 발생하는 현상**

(1) **맥동현상**(surging)

구 분	설 명
정 의 질문 (가)	유량이 단속적으로 변하여 펌프 입출구에 설치된 **진공계·압력계**가 흔들리고 **진동**과 **소음**이 발생하며 펌프의 **토출유량**이 **변하는 현상**
발생원인	① 배관 중에 **수조**가 있을 때 ② 배관 중에 **기체상태**의 부분이 있을 때 ③ **유량조절밸브**가 배관 중 수조의 위치 **후방**에 있을 때 ④ 펌프의 특성곡선이 **산모양**이고 운전점이 그 **정상부**일 때
방지대책 질문 (나)	① 배관 중에 불필요한 수조를 없앤다. ② 배관 내의 기체(공기)를 제거한다. ③ 유량조절밸브를 배관 중 수조의 전방에 설치한다. ④ 운전점을 고려하여 적합한 펌프를 선정한다. ⑤ **풍량** 또는 **토출량**을 줄인다.

(2) **수격작용**(water hammering)

구 분	설 명
정 의	① 배관 속의 물흐름을 급히 차단하였을 때 동압이 정압으로 전환되면서 일어나는 쇼크현상 ② 배관 내를 흐르는 유체의 유속을 급격하게 변화시키므로 압력이 상승 또는 하강하여 **관로**의 **벽면을 치는 현상**
발생원인	① 펌프가 갑자기 정지할 때 ② 급히 밸브를 개폐할 때 ③ 정상운전시 유체의 압력변동이 생길 때
방지대책	① 관의 관경(직경)을 크게 한다. ② 관 내의 유속을 낮게 한다(관로에서 일부 고압수를 방출한다). ③ 조압수조(surge tank)를 관선(배관선단)에 설치한다. ④ **플라이휠**(fly wheel)을 설치한다. ⑤ 펌프 송출구(토출측) 가까이에 밸브를 설치한다. ⑥ 에어챔버(air chamber)를 설치한다.

(3) **공동현상**(cavitation)

구 분	설 명
정 의	펌프의 흡입측 배관 내의 물의 정압이 기존의 증기압보다 낮아져서 기포가 발생되어 물이 흡입되지 않는 현상
발생현상	① 소음과 진동발생 ② 관 부식 ③ **임펠러**의 **손상**(수차의 날개를 해친다.) ④ 펌프의 성능저하
발생원인	① 펌프의 흡입수두가 클 때(소화펌프의 흡입고가 클 때) ② 펌프의 마찰손실이 클 때 ③ 펌프의 임펠러속도가 클 때 ④ 펌프의 설치위치가 수원보다 높을 때 ⑤ 관 내의 수온이 높을 때(물의 온도가 높을 때) ⑥ 관 내의 물의 정압이 그때의 증기압보다 낮을 때 ⑦ 흡입관의 구경이 작을 때 ⑧ 흡입거리가 길 때 ⑨ 유량이 증가하여 펌프물이 과속으로 흐를 때
방지대책	① 펌프의 흡입수두를 **작게** 한다. ② 펌프의 마찰손실을 **작게** 한다. ③ 펌프의 **임펠러속도**(회전수)를 **작게** 한다. ④ 펌프의 설치위치를 수원보다 **낮게** 한다. ⑤ 양흡입펌프를 사용한다(펌프의 흡입측을 가압한다). ⑥ 관 내의 물의 정압을 그때의 증기압보다 **높게** 한다. ⑦ 흡입관의 구경을 크게 한다. ⑧ 펌프를 **2대** 이상 설치한다.

(4) **에어 바인딩**(air binding)=**에어 바운드**(air bound)

구 분	설 명
정 의	펌프 내에 공기가 차있으면 공기의 밀도는 물의 밀도보다 작으므로 수두를 감소시켜 송액이 되지 않는 현상
발생원인	펌프 내에 공기가 차있을 때
방지대책	① 펌프 작동 전 **공기**를 **제거**한다. ② **자동공기제거펌프**(self-priming pump)를 사용한다.

★★★
 문제 08

무대부 또는 연소할 우려가 있는 개구부에 설치해야 하는 스프링클러설비 방식을 쓰시오.

(18.11.문2, 17.11.문3, 15.4.문4, 01.11.문11)

○

득점	배점
	3

 해답 일제살수식 스프링클러설비

해설
- 무대부 또는 연소할 우려가 있는 개구부에는 **개방형 헤드**를 설치하므로 **일제살수식 스프링클러설비**가 정답!
- '일제살수식 스프링클러설비'를 **일제살수식**만 써도 정답

스프링클러설비의 **화재안전기술기준**(NFTC 103 2.7.4)
무대부 또는 연소할 우려가 있는 개구부에 있어서는 **개방형 스프링클러헤드**를 설치해야 한다.

‖개방형 헤드와 폐쇄형 헤드‖

구 분	개방형 헤드	폐쇄형 헤드
차이점	• **감열부**가 **없다.** • **가압수 방출기능**만 있다.	• **감열부**가 **있다.** • **화재감지** 및 **가압수 방출기능**이 있다.
설치장소	• 무대부 • **연소할 우려가 있는 개구부** • 천장이 높은 장소 • 화재가 급격히 확산될 수 있는 장소(위험물 저장 및 처리시설)	• 근린생활시설 • 판매시설(도매시장·소매시장·백화점 등) • 복합건축물 • 아파트 • 공장 또는 창고(랙크식 창고 포함) • 지하가·지하역사
적용설비	• **일제살수식** 스프링클러설비	• **습식** 스프링클러설비 • **건식** 스프링클러설비 • **준비작동식** 스프링클러설비 • **부압식** 스프링클러설비
형태		

용어

무대부와 연소할 우려가 있는 개구부

무대부	연소할 우려가 있는 개구부
노래, 춤, 연극 등의 연기를 하기 위해 만들어 놓은 부분	각 방화구획을 관통하는 컨베이어·에스컬레이터 또는 이와 비슷한 시설의 주위로서 방화구획을 할 수 없는 부분

★★★
문제 09

가로 20m, 세로 8m, 높이 3m인 발전기실에 할로겐화합물 및 불활성기체 소화약제 중 IG-100을 사용할 경우 조건을 참고하여 다음 각 물음에 답하시오. (19.11.문14, 17.6.문1, 13.4.문2)

〔조건〕

득점	배점
	10

① IG-100의 소화농도는 35.85%이다.
② IG-100의 전체 충전량은 100kg, 충전밀도는 1.5kg/m³이다.
③ 소화약제량 산정시 선형상수를 이용하도록 하며 방사시 기준온도는 10℃이다.

소화약제	K_1	K_2
IG-100	0.7997	0.00293

④ 발전기실은 전기화재로 가정한다.

(개) IG-100의 저장량은 몇 m³인지 구하시오.
  ○계산과정 :
  ○답 :

(내) 저장용기의 1병당 저장량[m³]을 구하시오.
  ○계산과정 :
  ○답 :

(다) IG-100의 저장용기수는 최소 몇 병인지 구하시오.

  ○ 계산과정 :

  ○ 답 :

(라) 배관의 구경 산정조건에 따라 IG-100의 약제량 방사시 유량은 몇 m³/s인지 구하시오.

  ○ 계산과정 :

  ○ 답 :

해답 (가) ○ 계산과정 : $C = 35.85 \times 1.2 = 43.02\%$

$$S = 0.7997 + 0.00293 \times 10 = 0.829 \text{m}^3/\text{kg}$$

$$V_s = 0.7997 + 0.00293 \times 20 = 0.8583 \text{m}^3/\text{kg}$$

$$X = 2.303 \left(\frac{0.8583}{0.829} \right) \times \log_{10} \left[\frac{100}{(100 - 43.02)} \right] \times (20 \times 8 \times 3) = 279.578 \fallingdotseq 279.58 \text{m}^3$$

  ○ 답 : 279.58m^3

(나) ○ 계산과정 : $\dfrac{100}{1.5} = 66.666 \fallingdotseq 66.67 \text{m}^3$

  ○ 답 : 66.67m^3

(다) ○ 계산과정 : $\dfrac{279.58}{66.67} = 4.1 \fallingdotseq 5$병

  ○ 답 : 5병

(라) ○ 계산과정 : $2.303 \left(\dfrac{0.8583}{0.829} \right) \times \log_{10} \left[\dfrac{100}{100 - 43.02 \times 0.95} \right] \times (20 \times 8 \times 3) = 261.159 \text{m}^3$

$$\frac{261.159}{120} = 2.176 \fallingdotseq 2.18 \text{m}^3/\text{s}$$

  ○ 답 : $2.18 \text{m}^3/\text{s}$

해설 **소화약제량(저장량)의 산정**(NFPC 107A 4・7조, NFTC 107A 2.1.1, 2.4.1)

구 분	할로겐화합물 소화약제	불활성기체 소화약제
종류	• FC-3-1-10 • HCFC BLEND A • HCFC-124 • HFC-125 • HFC-227ea • HFC-23 • HFC-236fa • FIC-13I1 • FK-5-1-12	• IG-01 • IG-100 • IG-541 • IG-55
공식	$W = \dfrac{V}{S} \times \left(\dfrac{C}{100 - C} \right)$ 여기서, W : 소화약제의 무게[kg] V : 방호구역의 체적[m³] S : 소화약제별 선형상수$(K_1 + K_2 t)$[m³/kg] t : 방호구역의 최소 예상온도[℃] C : 체적에 따른 소화약제의 설계농도[%]	$X = 2.303 \left(\dfrac{V_s}{S} \right) \times \log_{10} \left[\dfrac{100}{(100 - C)} \right] \times V$ 여기서, X : 소화약제의 부피[m³] V_s : 20℃에서 소화약제의 비체적 $(K_1 + K_2 \times 20℃)$[m³/kg] S : 소화약제별 선형상수$(K_1 + K_2 t)$[m³/kg] C : 체적에 따른 소화약제의 설계농도[%] t : 방호구역의 최소 예상온도[℃] V : 방호구역의 체적[m³]

불활성기체 소화약제

(가) 설계농도[%]=소화농도[%]×안전계수(A・C급 : 1.2, B급 : 1.3)

  $= 35.85\% \times 1.2$

  $= 43.02\%$

- IG-100 : 불활성기체 소화약제
- 발전기실 : 〔조건 ④〕에서 전기화재(C급 화재)이므로 1.2 적용

소화약제별 선형상수 S는

$S = K_1 + K_2 \cdot t = 0.7997 + 0.00293 \times 10\text{℃} = 0.829\text{m}^3/\text{kg}$

20℃에서 소화약제의 비체적 V_s는

$V_s = K_1 + K_2 \times 20\text{℃} = 0.7997 + 0.00293 \times 20\text{℃} = 0.8583\text{m}^3/\text{kg}$

- IG-100의 $K_1(0.7997)$, $K_2(0.00293)$: 〔조건 ③〕에서 주어진 값
- $t(10\text{℃})$: 〔조건 ③〕에서 주어진 값

IG-100의 저장량 X는

$$
\begin{aligned}
X &= 2.303 \left(\frac{V_s}{S} \right) \times \log_{10} \left[\frac{100}{(100-C)} \right] \times V \\
&= 2.303 \left(\frac{0.8583\text{m}^3/\text{kg}}{0.829\text{m}^3/\text{kg}} \right) \times \log_{10} \left[\frac{100}{(100-43.02)} \right] \times (20 \times 8 \times 3)\text{m}^3 \\
&= 279.578 ≒ 279.58\text{m}^3
\end{aligned}
$$

- $0.8583\text{m}^3/\text{kg}$: 바로 위에서 구한 값
- $0.829\text{m}^3/\text{kg}$: 바로 위에서 구한 값
- 43.02 : 바로 위에서 구한 값
- $(20 \times 8 \times 3)\text{m}^3$: 문제에서 주어진 값

(나) 1병당 저장량(충전량)〔kg〕 $= \dfrac{\text{전체 충전량〔kg〕}}{\text{충전밀도〔kg/m}^3\text{〕}} = \dfrac{100\text{kg}}{1.5\text{kg/m}^3} = 66.666 ≒ 66.67\text{m}^3$

- 100kg : 〔조건 ②〕에서 주어진 값
- 1.5kg/m³ : 〔조건 ②〕에서 주어진 값
- 단위를 보면 쉽게 공식을 만들 수 있다.

(다) 용기수 $= \dfrac{\text{저장량〔m}^3\text{〕}}{\text{1병당 저장량〔m}^3\text{〕}} = \dfrac{279.58\text{m}^3}{66.67\text{m}^3} = 4.1 ≒ 5병$

- 279.58m^3 : (가)에서 구한 값
- 66.67m^3 : (나)에서 구한 값

(라)
$$
\begin{aligned}
X_{95} &= 2.303 \left(\frac{V_s}{S} \right) \times \log_{10} \left[\frac{100}{100-(C \times 0.95)} \right] \times V \\
&= 2.303 \left(\frac{0.8583\text{m}^3/\text{kg}}{0.829\text{m}^3/\text{kg}} \right) \times \log_{10} \left[\frac{100}{100-(43.02 \times 0.95)} \right] \times (20 \times 8 \times 3)\text{m}^3 = 261.159\text{m}^3
\end{aligned}
$$

약제량 방사시 유량〔m³/s〕 $= \dfrac{261.16\text{m}^3}{10\text{s}(\text{불활성기체 소화약제 : A · C급 화재 120s, B급 화재 60s})} = \dfrac{261.159\text{m}^3}{120\text{s}}$

$= 2.176 ≒ 2.18\text{m}^3/\text{s}$

- 배관의 구경은 해당 방호구역에 할로겐화합물 소화약제가 **10초(불활성기체 소화약제는 A · C급 화재 2분, B급 화재 1분)** 이내에 방호구역 각 부분에 최소설계농도의 **95% 이상** 해당하는 약제량이 방출되도록 해야 한다(NFPC 107A 10조, NFTC 107A 2.7.3). 그러므로 설계농도 43.02%에 0.95 곱함
- 바로 위 기준에 의해 **0.95(95%)** 및 **120s** 적용
- 〔조건 ④〕에서 **전기화재**이므로 **C급** 적용

★★★
문제 10

할론 1301 소화설비를 설계시 조건을 참고하여 다음 각 물음에 답하시오. (20.11.문4, 15.11.문11, 07.4.문1)

득점	배점
	6

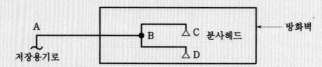

〔조건〕

① 방호구역의 체적은 420m³이다. (출입구에 자동폐쇄장치 설치)

②

소방대상물 또는 그 부분	소화약제의 종류	방호구역 체적 1m³당 소화약제의 양
차고·주차장·전기실·통신기기실·전산실 기타 이와 유사한 전기설비가 설치되어 있는 부분	할론 1301	0.32kg 이상 0.64kg 이하

③ 초기 압력강하는 1.5MPa이다.

④ 고저에 따른 압력손실은 0.06MPa이다.

⑤ A-B 간의 마찰저항에 따른 압력손실은 0.06MPa이다.

⑥ B-C, B-D 간의 각 압력손실은 0.03MPa이다.

⑦ 저장용기 내 소화약제 저장압력은 4.2MPa이다.

⑧ 저장용기 1병당 충전량은 45kg이다.

⑨ 작동 10초 이내에 약제 전량이 방출된다.

㈎ 소화약제의 최소 저장용기의 수(병)를 구하시오.

　○계산과정 :

　○답 :

㈏ 설비가 작동하였을 때 A-B 간의 배관 내를 흐르는 소화약제의 유량〔kg/s〕을 구하시오.

　○계산과정 :

　○답 :

㈐ C점 노즐에서 방출되는 소화약제의 방사압력〔MPa〕을 구하시오. (단, D점에서의 방사압력도 같다.)

　○계산과정 :

　○답 :

㈑ C점에서 설치된 분사헤드에서의 방출률이 3.75kg/cm²·s이면 분사헤드의 등가 분구면적〔cm²〕을 구하시오.

　○계산과정 :

　○답 :

해답 ㈎ ○계산과정 : $420 \times 0.32 = 134.4$kg

$$\frac{134.4}{45} = 2.98 \fallingdotseq 3$병$$

　　○답 : 3병

㈏ ○계산과정 : $\frac{45 \times 3}{10} = 13.5$kg/s

　　○답 : 13.5kg/s

(다) ○ 계산과정 : $4.2-(1.5+0.06+0.06+0.03)=2.55\text{MPa}$

○ 답 : 2.55MPa

(라) ○ 계산과정 : $\dfrac{13.5}{2}=6.75\text{kg/s}$

$$\dfrac{6.75}{3.75\times1}=1.8\text{cm}^2$$

○ 답 : 1.8cm²

해설 (가) 소화약제량[kg]=**방**호구역체적[m³]×**약**제량[kg/m³]**+개**구부면적[m²]×개구부가**산**량[kg/m²]=420m³×0.32kg/m³=134.4kg

기억법 **방약+개산**

- 420m³ : 〔조건 ①〕에서 주어진 값
- 0.32kg/m³ : 〔조건 ②〕에서 주어진 값. 최소 저장용기수를 구하라고 했으므로 **0.32kg/m³** 적용, 최대 저장용기수를 구하라고 하면 0.64kg/m³ 적용

소화대상물 또는 그 부분	소화약제의 종류	방호구역 체적 1m³당 소화약제의 양
차고 · 주차장 · 전기실 · 통신기기실 · 전산실 기타 이와 유사한 전기설비가 설치되어 있는 부분	할론 1301	**0.32kg** 이상 0.64kg 이하

- 〔조건 ①〕에서 **자동폐쇄장치**가 설치되어 있으므로 **개구부면적, 개구부가산량** 적용 **제외**

$$저장용기수=\dfrac{소화약제량[\text{kg}]}{1병당\ 저장량[\text{kg}]}$$

$$=\dfrac{134.4\text{kg}}{45\text{kg}}=2.98≒3병(절상)$$

- 134.4kg : 바로 위에서 구한 값
- 45kg : 〔조건 ⑧〕에서 주어진 값

(나) $유량=\dfrac{약제소요량}{약제방출시간}=\dfrac{45\text{kg}\times3병}{10\text{s}}=13.5\text{kg/s}$

- 45kg : 〔조건 ⑧〕에서 주어진 값
- 3병 : (가)에서 구한 값
- 10s : 〔조건 ⑨〕에서 주어진 값

(다) **C점**의 **방사압력**

=약제저장압력−(초기 압력강하+고저에 따른 압력손실+A−B 간의 마찰손실에 따른 압력손실+B−C 간의 압력손실)

=4.2MPa−(1.5+0.06+0.06+0.03)MPa=2.55MPa

- 4.2MPa : 〔조건 ⑦〕에서 주어진 값
- 1.5MPa : 〔조건 ③〕에서 주어진 값
- 0.06MPa : 〔조건 ④, ⑤〕에서 주어진 값
- 0.03MPa : 〔조건 ⑥〕에서 주어진 값

(라) A−B 간의 유량은 B−C 간과 B−D 간으로 나누어 흐르므로 B−C 간의 유량은 A−B 간의 유량을 **2**로 나누면 된다.

$$B-C\ 간의\ 유량=\dfrac{13.5\text{kg/s}}{2}=6.75\text{kg/s}$$

- 13.5kg/s : (나)에서 구한 값

$$등가\ 분구면적=\dfrac{유량[\text{kg/s}]}{방출량[\text{kg/cm}^2\cdot\text{s}]\times오리피스\ 구멍개수}$$

$$=\dfrac{6.75\text{kg/s}}{3.75\text{kg/cm}^2\cdot\text{s}\times1개}=1.8\text{cm}^2$$

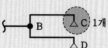
- 문제에서 오리피스 구멍개수가 주어지지 않을 경우에는 **헤드**의 **개수**가 곧 **오리피스 구멍개수**임을 기억하라! C점에서의 헤드개수는 1개

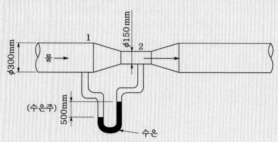

- 분구면적=분출구면적
- $3.75 \text{kg/cm}^2 \cdot \text{s}$: 질문 (라)에서 주어진 값

★★
문제 11

펌프성능시험을 하기 위하여 오리피스를 통하여 시험한 결과 수은주의 높이가 500mm이다. 이 오리피스가 통과하는 유량[L/s]을 구하시오. (단, 속도계수는 0.97이고, 수은의 비중은 13.6, 중력가속도는 9.81m/s²이다.)

·(17.4.문12, 01.7.문4)

득점	배점
	5

〔그림: φ300mm 물 → 1 φ150mm 2 →, (수은주) 500mm, 수은〕

○ 계산과정 :
○ 답 :

 ○ 계산과정 : $m = \left(\dfrac{150}{130}\right)^2 = 0.25$

$$\gamma_w = 1000 \times 9.81 = 9810 \text{N/m}^3$$

$$\gamma_s = 13.6 \times 9810 = 133416 \text{N/m}^3$$

$$A_2 = \frac{\pi \times 0.15^2}{4} = 0.017 \text{m}^2$$

$$Q = 0.97 \times \frac{0.017}{\sqrt{1-0.25^2}} \sqrt{\frac{2 \times 9.81 \times (133416 - 9810)}{9810} \times 0.5} \fallingdotseq 0.189345 \text{m}^3/\text{s} = 189.345 \text{L/s} \fallingdotseq 189.35 \text{L/s}$$

○ 답 : 189.35L/s

$$Q = C_v \frac{A_2}{\sqrt{1-m^2}} \sqrt{\frac{2g\,(\gamma_s - \gamma_w)}{\gamma_w} R}$$

(1) **개구비**

$$m = \frac{A_2}{A_1} = \left(\frac{D_2}{D_1}\right)^2$$

여기서, m : 개구비
A_1 : 입구면적[cm²]
A_2 : 출구면적[cm²]
D_1 : 입구직경[cm]
D_2 : 출구직경[cm]

개구비 $m = \left(\dfrac{D_2}{D_1}\right)^2 = \left(\dfrac{150\text{mm}}{300\text{mm}}\right)^2 = 0.25$

(2) 물의 비중량

$$\gamma_w = \rho_w\, g$$

여기서, γ_w : 물의 비중량[N/m³]

ρ_w : 물의 밀도(1000N · s²/m⁴)

g : 중력가속도[m/s²]

물의 비중량 $\gamma_w = \rho_w g = 1000\text{N} \cdot \text{s}^2/\text{m}^4 \times 9.81\text{m/s}^2 = 9810\text{N/m}^3$

- $g\,(9.81\text{m/s}^2)$: [단서]에서 주어진 값, 일반적인 값 9.8m/s²를 적용하면 틀림

(3) 비중

$$s = \frac{\gamma_s}{\gamma_w}$$

여기서, s : 비중

γ_s : 어떤 물질의 비중량(수은의 비중량)[N/m³]

γ_w : 물의 비중량(9810N/m³)

수은의 비중량 $\gamma_s = s \times \gamma_w = 13.6 \times 9810\text{N/m}^3 = 133416\text{N/m}^3$

- $s\,(13.6)$: [단서]에서 주어진 값

(4) 출구면적

$$A_2 = \frac{\pi D_2{}^2}{4}$$

여기서, A_2 : 출구면적[m²]

D_2 : 출구직경[m]

출구면적 $A_2 = \dfrac{\pi D_2{}^2}{4} = \dfrac{\pi \times (0.15\text{m})^2}{4} = 0.017\text{m}^2$

- $D_2\,(0.15\text{m})$: 그림에서 150mm=0.15m(1000mm=1m)

(5) 유량

$$Q = C_v \frac{A_2}{\sqrt{1-m^2}} \sqrt{\frac{2g\,(\gamma_s - \gamma_w)}{\gamma_w}R} \quad \text{또는} \quad Q = CA_2 \sqrt{\frac{2g\,(\gamma_s - \gamma_w)}{\gamma_w}R}$$

여기서, Q : 유량[m³/s]

C_v : 속도계수$\left(C_v = C\sqrt{1-m^2}\,\right)$

C : 유량계수$\left(C = \dfrac{C_v}{\sqrt{1-m^2}}\right)$

A_2 : 출구면적[m²]

g : 중력가속도[m/s²]

γ_s : 수은의 비중량[N/m³]

γ_w : 물의 비중량[N/m³]

R : 마노미터 읽음(수은주의 높이)[mHg]

m : 개구비

- C_v : **속도계수**이지 유량계수가 아니라는 것을 특히 주의!
- R : 수은주의 높이[mHg]! 물의 높이[mAq]가 아님을 주의!

유량 Q는

$$Q = C_v \frac{A_2}{\sqrt{1-m^2}} \sqrt{\frac{2g(\gamma_s - \gamma_w)}{\gamma_w}R}$$

$$= 0.97 \times \frac{0.017\mathrm{m}^2}{\sqrt{1-0.25^2}} \sqrt{\frac{2 \times 9.81\mathrm{m/s}^2 \times (133416 - 9810)\mathrm{N/m}^3}{9810\mathrm{N/m}^3} \times 0.5\mathrm{m}}$$

$$\fallingdotseq 0.189345\mathrm{m}^3/\mathrm{s} = 189.345\mathrm{L/s} \fallingdotseq 189.35\mathrm{L/s}$$

- $1\mathrm{m}^3 = 1000\mathrm{L}$이므로 $0.189345\mathrm{m}^3/\mathrm{s} = 189.345\mathrm{L/s}$
- $C_v(0.97)$: [단서]에서 주어진 값
- $A_2(0.017\mathrm{m}^2)$: 위 (4)에서 구한 값
- $m(0.25)$: 위 (1)에서 구한 값
- $g(9.81\mathrm{m/s}^2)$: [단서]에서 주어진 값
- $\gamma_s(133416\mathrm{N/m}^3)$: 위 (3)에서 구한 값
- $\gamma_w(9810\mathrm{N/m}^3)$: 위 (2)에서 구한 값
- $R(0.5\mathrm{mHg})$: 문제에서 $500\mathrm{mmHg} = 0.5\mathrm{mHg}(1000\mathrm{mm} = 1\mathrm{m})$

중요

유량계수, 속도계수, 수축계수(진짜! 중요)

계 수	공 식	정 의	동일한 용어	일반적인 값
유량계수 (C)	$C = C_v \times C_a = \dfrac{\text{실제유량}}{\text{이론유량}}$ 여기서, C : 유량계수 C_v : 속도계수 C_a : 수축계수	이론유량은 실제유량보다 크게 나타나는데 이 차이를 보정해주기 위한 계수	• 유량계수 • 유출계수 • 방출계수 • 유동계수 • 흐름계수	0.614~0.634
속도계수 (C_v)	$C_v = \dfrac{\text{실제유속}}{\text{이론유속}}$ 여기서, C_v : 속도계수	실제유속과 이론유속의 차이를 보정해주는 계수	• 속도계수 • 유속계수	0.96~0.99
수축계수 (C_a)	$C_a = \dfrac{\text{수축단면적}}{\text{오리피스단면적}}$ 여기서, C_a : 수축계수	최대수축단면적(vena contracta)과 원래의 오리피스단면적의 차이를 보정해주는 계수	• 수축계수 • 축류계수	약 0.64

★★★ 문제 12

분말소화설비에서 분말약제 저장용기와 연결 설치되는 정압작동장치에 대한 다음 각 물음에 답하시오.

(20.10.문2, 18.11.문1, 17.11.문8, 13.4.문15, 10.10.문10, 07.4.문4)

(가) 정압작동장치의 설치목적이 무엇인지 쓰시오.

(나) 정압작동장치의 종류 중 압력스위치방식에 대해 설명하시오.

득점	배점
	4

해답 (가) 저장용기의 내부압력이 설정압력이 되었을 때 주밸브를 개방시키는 장치

(나) 가압용 가스가 저장용기 내에 가압되어 압력스위치가 동작되면 솔레노이드밸브가 동작되어 주밸브를 개방시키는 방식

해설 (가) **정압작동장치**

약제저장용기 내의 내부압력이 설정압력이 되었을 때 주밸브를 개방시키는 장치로서 정압작동장치의 설치위치는 다음 그림과 같다.

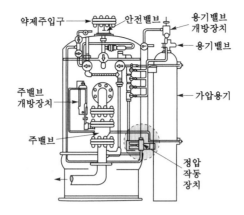

(나) 정압작동장치의 종류

종 류	설 명
봉판식	저장용기에 가압용 가스가 충전되어 밸브의 **봉판**이 작동압력에 도달되면 밸브의 봉판이 개방되면서 주밸브 개방장치로 가스의 압력을 공급하여 주밸브를 개방시키는 방식
기계식	저장용기 내의 압력이 작동압력에 도달되면 **밸브**가 작동되어 **정압작동레버**가 이동하면서 주밸브를 개방시키는 방식
스프링식	저장용기 내의 압력이 가압용 가스의 압력에 의하여 충압되어 작동압력 이상에 도달되면 **스프링**이 상부로 밀려 **밸브캡**이 열리면서 주밸브를 개방시키는 방식

봉판식 그림 라벨: 캡, 패킹, 봉판지지대, 봉판, 오리피스, 가스압

‖ 봉판식 ‖

기계식 그림 라벨: 작동압 조정스프링, 밸브, 실린더, 정압작동레버, 도관접속부

‖ 기계식 ‖

스프링식 그림 라벨: 캡, 밸브(상부), 스프링, 밸브캡, 밸브본체, 필터너트, 필터엘리먼트, 패킹

‖ 스프링식 ‖

압력스위치식	가압용 가스가 저장용기 내에 가압되어 **압력스위치**가 동작되면 **솔레노이드밸브**가 동작되어 주밸브를 개방시키는 방식 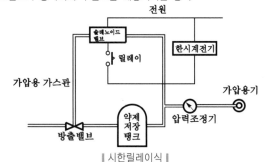 ▌압력스위치식▐
시한릴레이식	저장용기의 내압이 방출에 필요한 압력에 도달되는 시간을 미리 결정하여 **한시계전기**를 이 시간에 맞추어 놓고 기동과 동시에 한시계전기가 동작되면 일정 시간 후 **릴레이**의 접점에 의해 솔레노이드밸브가 동작되어 주밸브를 개방시키는 방식 ▌시한릴레이식▐

★★ 문제 13

지하 2층, 지상 1층인 특정소방대상물 각 층에 A급 3단위 소화기를 국가화재안전기준에 맞도록 설치하고자 한다. 다음 조건을 참고하여 건물의 각 층별 최소 소화기구를 구하시오.

(19.4.문13, 17.4.문8, 16.4.문2, 13.4.문11, 11.7.문5)

득점	배점
	4

〔조건〕

① 각 층의 바닥면적은 2000m²이다.
② 지하 1층, 지하 2층은 주차장 용도로 쓰며, 지하 2층에 보일러실 150m²를 설치한다.
③ 지상 1층은 업무시설이다.
④ 전 층에 소화설비가 없는 것으로 가정한다.
⑤ 건물구조는 내화구조가 아니다.

㈎ 지하 2층
　ㅇ계산과정 :
　ㅇ답 :

㈏ 지하 1층
　ㅇ계산과정 :
　ㅇ답 :

㈐ 지상 1층
　ㅇ계산과정 :
　ㅇ답 :

 (가) ○ 계산과정 : 주차장 $\dfrac{2000}{100} = 20$단위

$$\dfrac{20}{3} = 6.6 ≒ 7$$개

보일러실 $\dfrac{150}{25} = 6$단위

$$\dfrac{6}{1} = 6$$개

$$7 + 6 = 13$$개

○ 답 : 13개

(나) ○ 계산과정 : $\dfrac{2000}{100} = 20$단위

$$\dfrac{20}{3} = 6.6 ≒ 7$$개

○ 답 : 7개

(다) ○ 계산과정 : $\dfrac{2000}{100} = 20$단위

$$\dfrac{20}{3} = 6.6 ≒ 7$$개

○ 답 : 7개

해설 ‖ 특정소방대상물별 소화기구의 능력단위기준(NFTC 101 2.1.1.2) ‖

특정소방대상물	소화기구의 능력단위	건축물의 주요구조부가 **내화구조**이고, 벽 및 반자의 실내에 면하는 부분이 **불연재료 · 준불연재료** 또는 **난연재료**로 된 특정소방대상물의 능력단위
• **위**락시설 [기억법] **위3(위상)**	바닥면적 **30m²**마다 1단위 이상	바닥면적 60m²마다 1단위 이상
• **공연**장 • **집**회장 • **관람**장 및 **문**화재 • **의**료시설 · **장**례시설(장례식장) [기억법] **5공연장 문의 집관람** (손**오**공 연장 문의 집관람)	바닥면적 **50m²**마다 1단위 이상	바닥면적 100m²마다 1단위 이상
• **근**린생활시설 • **판**매시설 • **숙**박시설 • **노**유자시설 • **전**시장 • 공동**주**택 • **업무시설** • **방**송통신시설 • 공장 · **창**고 • **항**공기 및 자동**차**관련시설(**주차장**) 및 **관광**휴게시설 [기억법] **근판숙노전 주업방차창 1항관광(근판숙노전 주 업방차장 일본항관광)**	바닥면적 **100m²**마다 1단위 이상	바닥면적 200m²마다 1단위 이상
• 그 밖의 것	바닥면적 200m²마다 1단위 이상	바닥면적 400m²마다 1단위 이상

‖ 부속용도별로 추가하여야 할 소화기구(NFTC 101 2.1.1.3) ‖

바닥면적 25m²마다 1단위 이상	바닥면적 50m²마다 1개 이상
① **보**일러실(아파트의 경우 방화구획된 것 제외)·**건**조실 ·**세**탁소·**대**량화기취급소 ② **음**식점(지하가의 음식점 포함)·**다**중이용업소·호텔·기숙사·노유자시설·의료시설·업무시설·공장·장례식장·교육연구시설·교정 및 군사시설의 **주**방(단, 의료시설·업무시설 및 공장의 주방은 공동취사를 위한 것) ③ 관리자의 출입이 곤란한 **변**전실·송전실·변압기실 및 배전반실(불연재료로 된 상자 안에 장치된 것 제외)	**발전실**·변전실·송전실·변압기실·배전반실·통신기기실·전산기기실·기타 이와 유사한 시설이 있는 장소

기억법 **보건세대 음주다변**

(가) 지하 2층

주차장

주차장으로서 내화구조가 아니므로 바닥면적 **100m²**마다 1단위 이상

소화기 능력단위 $= \dfrac{2000\text{m}^2}{100\text{m}^2} = 20$단위

- 지하 2층은 주차장 : 〔조건 ②〕에서 주어진 것
- 내화구조가 아님 : 〔조건 ⑤〕에서 주어진 것
- 각 층의 바닥면적 2000m² : 〔조건 ①〕에서 주어진 값
- 바닥면적 2000m²에서 보일러실 150m²를 빼주면 틀림 : 보일러실의 면적을 제외하라는 규정이 없기 때문 (제발 please 이책을 믿고 합격하시길 바랍니다. 다른 책 믿지 마시고 …)

소화기 개수 $= \dfrac{20\text{단위}}{3\text{단위}} = 6.6 ≒ 7$개

- **20단위** : 바로 위에서 구한 값
- **3단위** : 문제에서 주어진 값

보일러실

소화기 능력단위 $= \dfrac{150\text{m}^2}{25\text{m}^2} = 6$단위

- **25m²** : 위의 표에서 보일러실은 바닥면적 25m²마다 1단위 이상
- **150m²** : 〔조건 ②〕에서 주어진 값

소화기 개수 $= \dfrac{6\text{단위}}{1\text{단위}} = 6$개

- 소화기구 및 자동소화장치의 화재안전기준(NFTC 101 2.1.1.3)에서의 보일러실은 25m²마다 능력단위 1단위 이상의 소화기를 비치해야 하므로 1단위로 나누는 것이 맞음(보일러실은 3단위로 나누면 확실히 틀림)
- 문제에서 3단위 소화기는 각 층에만 설치하는 소화기로서 보일러실은 3단위 소화기를 설치하는 것이 아님

∴ 총 소화기 개수 = 7개 + 6개 = 13개

(나) 지하 1층

주차장

주차장으로서 내화구조가 아니므로 바닥면적 **100m²**마다 1단위 이상

소화기 능력단위 $= \dfrac{2000\text{m}^2}{100\text{m}^2} = 20$단위

- 지하 1층은 주차장 : 〔조건 ②〕에서 주어진 것
- 내화구조가 아님 : 〔조건 ⑤〕에서 주어진 것
- 각 층의 바닥면적 2000m² : 〔조건 ①〕에서 주어진 값

소화기 개수 = $\dfrac{20단위}{3단위}$ = 6.6 ≒ 7개

- **20단위** : 바로 위에서 구한 값
- **3단위** : 문제에서 주어진 값

(다) **지상 1층**

$\boxed{\text{업무시설}}$

업무시설로서 내화구조가 아니므로 바닥면적 **100m²**마다 1단위 이상

소화기 능력단위 = $\dfrac{2000m^2}{100m^2}$ = 20단위

- 지상 1층은 업무시설 : 〔조건 ③〕에서 주어진 것
- 내화구조가 아님 : 〔조건 ⑤〕에서 주어진 것
- 각 층의 바닥면적 2000m² : 〔조건 ①〕에서 주어진 값

소화기 개수 = $\dfrac{20단위}{3단위}$ = 6.6 ≒ 7개

- **20단위** : 바로 위에서 구한 값
- **3단위** : 문제에서 주어진 값

★★★

문제 14

가로 20m, 세로 10m, 높이 3m의 특수가연물을 저장하는 창고에 포소화설비를 설치하고자 한다. 주어진 조건을 참고하여 다음 각 물음에 답하시오. (19.11.문2, 19.4.문7, 18.6.문5, 13.7.문11, 10.4.문5)

〔조건〕
① 화재감지용 스프링클러헤드를 설치한다.
② 배관구경에 따른 헤드개수

구경[mm]	25	32	40	50	65	80	90	100	125	150
헤드수	1	2	5	8	15	27	40	55	90	91개 이상

득점	배점
	4

(개) 포헤드의 설치개수를 구하시오.
  ○ 계산과정 :
  ○ 답 :
(내) 배관의 구경[mm]을 선정하시오.
  ○

해답 (개) ○ 계산과정 : $\dfrac{20 \times 10}{9}$ = 22.2 ≒ 23개
  ○ 답 : 23개
(내) 80mm

해설 **포헤드**(또는 포워터 스프링클러헤드)의 **개수**
(개)
- (개의 문제에서 배치방식이 주어지지 않았으므로 아래 식으로 계산
- 〔조건 ①〕은 문제를 푸는 데 아무 관련이 없다.

$\dfrac{20m \times 10m}{9m^2}$ = 22.2 ≒ 23개

중요

정방형, 장방형 등의 배치방식이 주어지지 않았으므로 다음 식으로 계산(NFPC 105 12조, NFTC 105 2.9.2)

구 분		설치개수
포워터 스프링클러헤드		$\dfrac{\text{바닥면적}}{8\text{m}^2}$
포헤드		$\dfrac{\text{바닥면적}}{9\text{m}^2}$
압축공기포소화설비	특수가연물 저장소	$\dfrac{\text{바닥면적}}{9.3\text{m}^2}$
	유류탱크 주위	$\dfrac{\text{바닥면적}}{13.9\text{m}^2}$

비교

정방형, 장방형 등의 배치방식이 주어진 경우 다음 식으로 계산(NFPC 105 12조, NFTC 105 2.9.2.5)

정방형(정사각형)	장방형(직사각형)
$S = 2R\cos 45°$ $L = S$ 여기서, S : 포헤드 상호간의 거리[m] R : 유효반경(**2.1m**) L : 배관간격[m]	$P_t = 2R$ 여기서, P_t : 대각선의 길이[m] R : 유효반경(**2.1m**)

$S = 2R\cos 45° = 2 \times 2.1\text{m} \times \cos 45° = 2.969\text{m}$

가로헤드 개수 $= \dfrac{\text{가로길이}}{S} = \dfrac{20\text{m}}{2.969\text{m}} = 6.7 = 7$개

세로헤드 개수 $= \dfrac{\text{세로길이}}{S} = \dfrac{10\text{m}}{2.969\text{m}} = 3.3 = 4$개

헤드개수 = 가로헤드개수 × 세로헤드개수 = 7개 × 4개 = 28개

(내) **배관 구경**

구경[mm]	25	32	40	50	65	80	90	100	125	150
헤드수	1	2	5	8	15	27	40	55	90	91개 이상

(개)에서 포헤드의 수가 23개이므로 23개 이상을 적용하면 배관의 구경은 **80mm**가 된다.

★★★
문제 15

A실을 0.1m³/s로 급기가압하였을 경우 다음 조건을 참고하여 외부와 A실의 차압[Pa]을 구하시오.

(21.7.문1, 16.4.문15, 12.7.문1)

득점	배점
	6

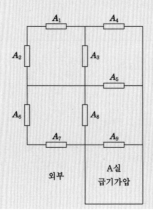

〔조건〕

① 급기량(Q)은 $Q = 0.827 \times A \times \sqrt{P}$ 로 구한다.(여기서, Q : 급기량〔m³/s〕, A : 전체 누설면적〔m²〕, P : 급기 가압실 내외의 차압〔Pa〕)

② A_1, A_4, 공기 누설틈새면적은 0.005m^2, A_2, A_3, A_5, A_6, A_7, A_8, A_9는 0.02m^2이다.

③ 전체 누설면적 계산시 소수점 아래 6째자리에서 반올림하여 소수점 아래 5째자리까지 구하시오.
○ 계산과정 :
○ 답 :

해답 ○ 계산과정 : $A_{1 \sim 2} = 0.005 + 0.02 = 0.025\text{m}^2$

$$A_{1 \sim 3} = \frac{1}{\sqrt{\dfrac{1}{0.025^2} + \dfrac{1}{0.02^2}}} = 0.015617\text{m}^2$$

$$A_{1 \sim 4} = 0.015617 + 0.005 = 0.020617\text{m}^2$$

$$A_{1 \sim 5} = \frac{1}{\sqrt{\dfrac{1}{0.020617^2} + \dfrac{1}{0.02^2}}} = 0.014355\text{m}^2$$

$$A_{6 \sim 7} = 0.02 + 0.02 = 0.04\text{m}^2$$

$$A_{6 \sim 8} = \frac{1}{\sqrt{\dfrac{1}{0.04^2} + \dfrac{1}{0.02^2}}} = 0.017888\text{m}^2$$

$$A_{1 \sim 8} = 0.014355 + 0.017888 = 0.032243\text{m}^2$$

$$A_{1 \sim 9} = \frac{1}{\sqrt{\dfrac{1}{0.032243^2} + \dfrac{1}{0.02^2}}} = 0.016995 ≒ 0.017\text{m}^2$$

$$P = \frac{0.1^2}{0.827^2 \times 0.017^2} = 50.593 ≒ 50.59\text{Pa}$$

○ 답 : 50.59Pa

해설 │ **기호** │

- A_1, A_4(0.005m²) : 〔조건 ②〕에서 주어짐
- A_2, A_3, A_5, A_6, A_7, A_8, A_9(0.02m²) : 〔조건 ②〕에서 주어짐

(가) 〔조건 ②〕에서 A_1의 틈새면적은 0.005m², A_2는 0.02m²이다.
$A_{1 \sim 2}$는 병렬상태이므로 $A_{1 \sim 2} = 0.005\text{m}^2 + 0.02\text{m}^2 = 0.025\text{m}^2$

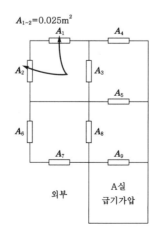

$A_{1 \sim 2}$와 A_3은 **직렬상태**이므로

$$A_{1 \sim 3} = \cfrac{1}{\sqrt{\cfrac{1}{(0.025\mathrm{m}^2)^2} + \cfrac{1}{(0.02\mathrm{m}^2)^2}}} = 0.015617\mathrm{m}^2$$

위의 내용을 정리하면 다음과 같이 변환시킬 수 있다.

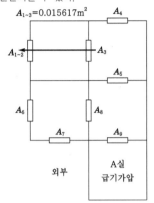

$A_{1 \sim 3}$와 A_4는 **병렬상태**이므로

$$A_{1 \sim 4} = 0.015617\mathrm{m}^2 + 0.005\mathrm{m}^2 = 0.020617\mathrm{m}^2$$

위의 내용을 정리하면 다음과 같이 변환시킬 수 있다.

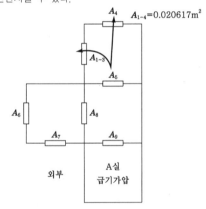

$A_{1 \sim 4}$와 A_5은 **직렬상태**이므로

$$A_{1 \sim 5} = \cfrac{1}{\sqrt{\cfrac{1}{(0.020617\mathrm{m}^2)^2} + \cfrac{1}{(0.02\mathrm{m}^2)^2}}} = 0.014355\mathrm{m}^2$$

위의 내용을 정리하면 다음과 같이 변환시킬 수 있다.

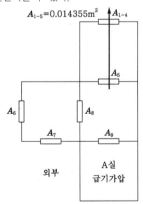

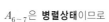

$A_{6\sim7}$은 **병렬상태**이므로

$A_{6\sim7} = 0.02\text{m}^2 + 0.02\text{m}^2 = 0.04\text{m}^2$

위의 내용을 정리하면 다음과 같이 변환시킬 수 있다.

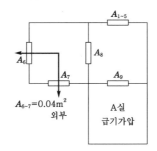

$A_{6\sim7}$과 A_8은 **직렬상태**이므로

$$A_{6\sim8} = \cfrac{1}{\sqrt{\cfrac{1}{(0.04\text{m}^2)^2} + \cfrac{1}{(0.02\text{m}^2)^2}}} = 0.017888\text{m}^2$$

위의 내용을 정리하면 다음과 같이 변환시킬 수 있다.

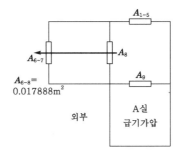

$A_{1\sim5}$과 $A_{6\sim8}$은 **병렬상태**이므로

$A_{1\sim8} = 0.014355\text{m}^2 + 0.017888\text{m}^2 = 0.032243\text{m}^2$

위의 내용을 정리하면 다음과 같이 변환시킬 수 있다.

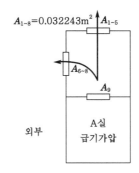

$A_{1\sim8}$과 A_9은 **직렬상태**이므로

$$A_{1\sim9} = \cfrac{1}{\sqrt{\cfrac{1}{(0.032243\text{m}^2)^2} + \cfrac{1}{(0.02\text{m}^2)^2}}} = 0.016995 ≒ 0.017\text{m}^2$$

• 〔조건 ③〕에 의해 전체 누설면적은 소수점 아래 6째자리에서 반올림하여 구하므로 0.016995 ≒ 0.017m²이다.

위의 내용을 정리하면 다음과 같이 변환시킬 수 있다.

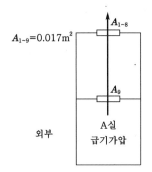

외부

A실
급기가압

$$Q = 0.827 \, A \sqrt{P}$$

$$Q^2 = (0.827A\sqrt{P})^2 = 0.827^2 \times A^2 \times P$$

$$\frac{Q^2}{0.827^2 \times A^2} = P$$

$$P = \frac{Q^2}{0.827^2 \times A^2} = \frac{(0.1\mathrm{m^3/s})^2}{0.827^2 \times (0.017\mathrm{m^2})^2} = 50.593 ≒ 50.59\mathrm{Pa}$$

- 유입풍량

$$\boxed{Q = 0.827A\sqrt{P}}$$

여기서, Q : 누출되는 공기의 양(m³/s)
  A : 문의 전체 누설틈새면적(m²)
  P : 문을 경계로 한 기압차(Pa)
- 0.1m³/s : 문제에서 주어진 값
- 0.017m² : 바로 위에서 구한 값

 참고

누설틈새면적

직렬상태	병렬상태
$$A = \cfrac{1}{\sqrt{\cfrac{1}{A_1{}^2} + \cfrac{1}{A_2{}^2} + \cdots}}$$	$$A = A_1 + A_2 + \cdots$$ 여기서, A : 전체 누설틈새면적(m²) A_1, A_2 : 각 실의 누설틈새면적(m²)
여기서, A : 전체 누설틈새면적(m²) A_1, A_2 : 각 실의 누설틈새면적(m²)	

문제 16 ★★★

도면과 주어진 조건을 참고하여 다음 각 물음에 답하시오.

득점	배점
	12

〔조건〕

① 주어지지 않은 조건은 무시한다.

② 직류 Tee 및 리듀셔는 무시한다.

③ 다음의 하젠-윌리암식을 이용한다.

$$\Delta P_m = \frac{6 \times 10^4 \times Q^2}{C^2 \times D^5}$$

여기서, ΔP_m : 배관 1 m당 마찰손실압〔MPa〕

Q : 유량〔L/min〕

C : 조도(120)

D : 관경〔mm〕

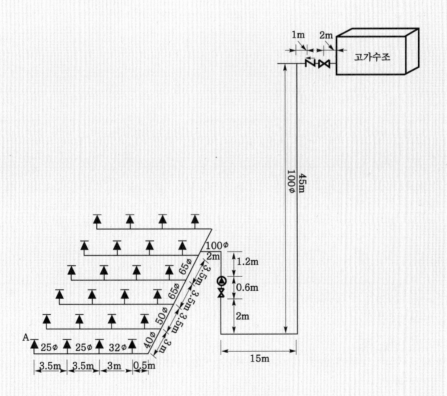

배관의 호칭구경별 안지름〔mm〕

호칭 구경〔mm〕	25	32	40	50	65	80	100
내경〔mm〕	28	36	42	53	66	79	103

│ 관이음쇠 및 밸브류 등의 마찰손실에 상당하는 직관길이[m] │

관이음쇠 및 밸브의 호칭경[mm]	90° 엘보	90° T(측류)	알람체크밸브	게이트밸브	체크밸브
25	0.9	0.27	4.5	0.18	4.5
32	1.2	0.36	5.4	0.24	5.4
40	1.8	0.54	6.2	0.32	6.8
50	2.1	0.6	8.4	0.39	8.4
65	2.4	0.75	10.2	0.48	10.2
100	4.2	1.2	16.5	0.81	16.5

⑦ 각 배관의 관경에 따라 다음 빈칸을 채우시오.

관경[mm]	산출근거	상당관 길이[m]
25		
32		
40		
50		
65		
100		

⑭ 다음 표의 (   ) 안을 채우시오.

관경[mm]	관마찰손실압[MPa]
25	( ) $\times 10^{-7} \times Q^2$
32	( ) $\times 10^{-8} \times Q^2$
40	( ) $\times 10^{-8} \times Q^2$
50	( ) $\times 10^{-9} \times Q^2$
65	( ) $\times 10^{-9} \times Q^2$
100	( ) $\times 10^{-9} \times Q^2$

⑭ A점 헤드에서 고가수조까지 낙차[m]를 구하시오.

○ 계산과정 :

○ 답 :

⑭ A점 헤드의 분당 방수량[L/min]을 계산하시오. (단, 방출계수는 80이다.)

○ 계산과정 :

○ 답 :

해답 (가)

관경[mm]	산출근거	상당관 길이[m]
25	• 직관 : 3.5+3.5=7m • 관부속품 　90° 엘보 : 1개×0.9m=0.9m ―――――――― 　소계 : 7.9m	7.9
32	• 직관 : 3m	3
40	• 직관 : 3+0.5=3.5m • 관부속품 　90° 엘보 : 1개×1.8m=1.8m ―――――――― 　소계 : 5.3m	5.3
50	• 직관 : 3.5m	3.5
65	• 직관 : 3.5+3.5=7m	7
100	• 직관 : 2+1+45+15+2+1.2+2=68.2m • 관부속품 　게이트밸브 : 2개×0.81m=1.62m 　체크밸브 : 1개×16.5m=16.5m 　90° 엘보 : 4개×4.2m=16.8m 　알람체크밸브 : 1개×16.5m=16.5m 　90° T(측류) : 1개×1.2m=1.2m ―――――――― 　소계 : 120.82m	120.82

(나)

관경[mm]	관마찰손실압[MPa]	
25	(19.13	)×10^{-7}×Q^2
32	(20.67	)×10^{-8}×Q^2
40	(16.9	)×10^{-8}×Q^2
50	(34.87	)×10^{-9}×Q^2
65	(23.29	)×10^{-9}×Q^2
100	(43.43	)×10^{-9}×Q^2

(다) ○ 계산과정 : 45−2−0.6−1.2=41.2m

　　○ 답 : 41.2m

(라) ○ 계산과정 : 총 관마찰손실압 $= 19.13 \times 10^{-7} \times Q^2 + 20.67 \times 10^{-8} \times Q^2 + 16.9 \times 10^{-8} \times Q^2$

$\qquad\qquad\qquad\qquad + 34.87 \times 10^{-9} \times Q^2 + 23.29 \times 10^{-9} \times Q^2 + 43.43 \times 10^{-9} \times Q^2$

$\qquad\qquad\qquad = 23.90 \times 10^{-7} \times Q^2$

$\qquad\qquad P = 0.412 - 23.90 \times 10^{-7} \times Q^2$

$\qquad\qquad Q = 80\sqrt{10(0.412 - 23.90 \times 10^{-7} \times Q^2)}$

$\qquad\qquad Q^2 = 80^2(4.12 - 23.90 \times 10^{-6} \times Q^2)$

$\qquad\qquad Q^2 + 0.15\,Q^2 = 26368$

$\qquad\qquad Q = \sqrt{\dfrac{26368}{1.15}} = 151.422 ≒ 151.42\text{L/min}$

　　○ 답 : 151.42L/min

해설 (가) **산출근거**

   (1) **관경 25mm**

     ① 직관 : 3.5+3.5=7m

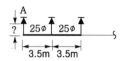

> ● **?** 부분은 〔조건 ①〕에 의해서 무시한다.

     ② 관부속품 : 90° 엘보 1개

       90° 엘보의 사용위치를 ○ 로 표시하면 다음과 같다.

> ● 90° T(직류), 리듀셔(25×15A)는 〔조건 ②〕에 의해서 무시한다.

   (2) **관경 32mm**

     ① 직관 : 3m

> ● 90° T(직류), 리듀셔(32×25A)는 〔조건 ②〕에 의해서 무시한다.

   (3) **관경 40mm**

     ① 직관 : 3+0.5=3.5m

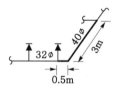

     ② 관부속품

       90° 엘보의 사용위치를 ○로 표시하면 다음과 같다.(90° 엘보 : 1개)

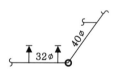

> ● 90° T(직류), 리듀셔(40×32A)는 〔조건 ②〕에 의해서 무시한다.

   (4) **관경 50mm**

     ① 직관 : 3.5m

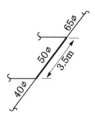

• 90° T(직류), 리듀셔(50×40A)는 〔조건 ②〕에 의해서 무시한다.

⑸ 관경 65mm
① 직관 : 3.5+3.5=7m

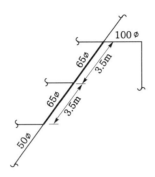

• 90° T(직류), 리듀셔(65×50A)는 〔조건 ②〕에 의해서 무시한다.

⑹ 관경 100mm
① 직관 : 2+1+45+15+2+1.2+2=68.2m

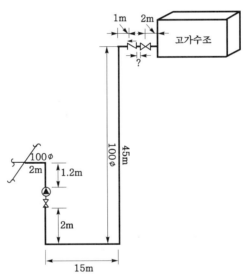

• 직관은 순수한 배관의 길이만 적용하며, **?** 부분은 〔조건 ①〕에 의해서 무시한다.

② 관부속품

각각의 사용위치를 90° 엘보 : ○, 90° T(측류) : 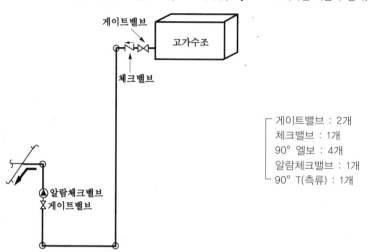 로 표시하면 다음과 같다.

- 게이트밸브 : 2개
- 체크밸브 : 1개
- 90° 엘보 : 4개
- 알람체크밸브 : 1개
- 90° T(측류) : 1개

(나) 〔조건 ③〕에 의해 ΔP_m을 산정하면 다음과 같다.

(1) 관경 25mm : $\Delta P_m = \dfrac{6 \times 10^4 \times Q^2}{C^2 \times D^5} \times L = \dfrac{6 \times 10^4 \times Q^2}{120^2 \times 28^5} \times 7.9$

$\qquad = 1.9126 \times 10^{-6} \times Q^2 = 19.126 \times 10^{-7} \times Q^2 ≒ 19.13 \times 10^{-7} \times Q^2$

(2) 관경 32mm : $\Delta P_m = \dfrac{6 \times 10^4 \times Q^2}{C^2 \times D^5} \times L = \dfrac{6 \times 10^4 \times Q^2}{120^2 \times 36^5} \times 3$

$\qquad = 2.0672 \times 10^{-7} \times Q^2 = 20.672 \times 10^{-8} \times Q^2 ≒ 20.67 \times 10^{-8} \times Q^2$

(3) 관경 40mm : $\Delta P_m = \dfrac{6 \times 10^4 \times Q^2}{C^2 \times D^5} \times L = \dfrac{6 \times 10^4 \times Q^2}{120^2 \times 42^5} \times 5.3$

$\qquad = 1.6897 \times 10^{-7} \times Q^2 = 16.897 \times 10^{-8} \times Q^2 ≒ 16.9 \times 10^{-8} \times Q^2$

(4) 관경 50mm : $\Delta P_m = \dfrac{6 \times 10^4 \times Q^2}{C^2 \times D^5} \times L = \dfrac{6 \times 10^4 \times Q^2}{120^2 \times 53^5} \times 3.5$

$\qquad = 3.4872 \times 10^{-8} \times Q^2 = 34.872 \times 10^{-9} \times Q^2 ≒ 34.87 \times 10^{-9} \times Q^2$

(5) 관경 65mm : $\Delta P_m = \dfrac{6 \times 10^4 \times Q^2}{C^2 \times D^5} \times L = \dfrac{6 \times 10^4 \times Q^2}{120^2 \times 66^5} \times 7$

$\qquad = 2.3289 \times 10^{-8} \times Q^2 = 23.289 \times 10^{-9} \times Q^2 ≒ 23.29 \times 10^{-9} \times Q^2$

(6) 관경 100mm : $\Delta P_m = \dfrac{6 \times 10^4 \times Q^2}{C^2 \times D^5} \times L = \dfrac{6 \times 10^4 \times Q^2}{120^2 \times 103^5} \times 120.82$

$\qquad = 4.3425 \times 10^{-8} \times Q^2 = 43.425 \times 10^{-9} \times Q^2 ≒ 43.43 \times 10^{-9} \times Q^2$

- ΔP_m : 배관 1m당 마찰손실압이므로 〔조건 ③〕의 식에 (가)의 상당관 길이(L)를 곱해주어야 한다.
- 〔조건 ③〕의 식에서 관경(D)은 호칭구경을 의미하는 것이 아니고, **내경**을 의미하는 것으로(배관의 호칭구경별 안지름[mm]) 표에 의해 산정한다.

(다) **낙차**=45-2-0.6-1.2=41.2m

- 낙차는 수평배관은 고려하지 않고 **수직배관**만 고려하며 **알람체크밸브**, **게이트밸브**도 수직으로 되어 있으므로 **낙차**에 **적용**하는 것에 주의하라(**고가수조방식**이므로 물 흐르는 방향이 위로 향할 경우 '-', 아래로 향할 경우 '+'로 계산하라).

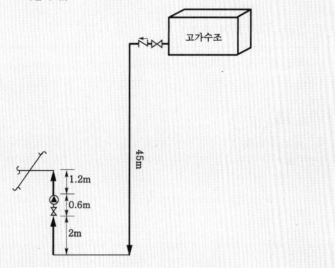

(라) 총관 마찰손실압$=19.13\times10^{-7}\times Q^2+20.67\times10^{-8}\times Q^2+16.9\times10^{-8}\times Q^2$
$\qquad\qquad\qquad +34.87\times10^{-9}\times Q^2+23.29\times10^{-9}\times Q^2+43.43\times10^{-9}\times Q^2$
$\qquad\qquad =23.90\times10^{-7}\times Q^2$

A점 헤드의 **방수압력** P는
$P=$ 낙차의 환산수두압-배관 및 관부속품의 마찰손실수두압(총 관마찰손실압)
$\qquad =0.412\mathrm{MPa}-23.90\times10^{-7}\times Q^2\mathrm{MPa}$

A점 헤드의 **분당 방수량** Q는
$Q=K\sqrt{10P}=80\sqrt{10(0.412-23.90\times10^{-7}\times Q^2)}$
$Q=80\sqrt{4.12-23.90\times10^{-6}\times Q^2}$
$Q^2=80^2(4.12-23.90\times10^{-6}\times Q^2)$
$Q^2=80^2\times4.12-80^2\times23.90\times10^{-6}\times Q^2$
$Q^2=26368-0.15\,Q^2$
$Q^2+0.15\,Q^2=26368$
$(1+0.15)\,Q^2=26368$
$1.15\,Q^2=26368$
$Q^2=\dfrac{26368}{1.15}$
$\sqrt{Q^2}=\sqrt{\dfrac{26368}{1.15}}$
$Q=\sqrt{\dfrac{26368}{1.15}}=151.422\risingdotseq151.42\mathrm{L/min}$

- K(80) : 문제 (라)에서 주어진 값
- 문제는 A점 헤드 1개만 방사될 때의 방수량을 구하여야 하며, A점 헤드 1개만 방사될 때에는 유량 Q가 모두 동일하므로 위와 같이 구하여야 한다. 총 관마찰손실압을 적용하지 않는다든가 총 관마찰손실압을 구할 때 유량 $Q=80\mathrm{L/min}$을 적용하는 것은 잘못된 계산이다.

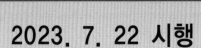

▌2023년 기사 제2회 필답형 실기시험 ▌			수험번호	성명	감독위원 확 인
자격종목 **소방설비기사(기계분야)**	시험시간 **3시간**	형별			

※ 다음 물음에 답을 해당 답란에 답하시오.(배점 : 100)

★★★
🔍 **문제 01**

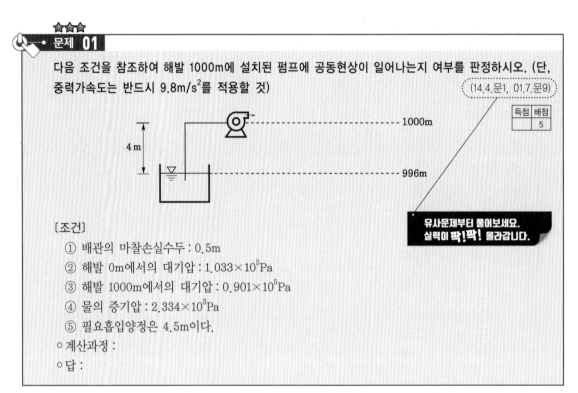

다음 조건을 참조하여 해발 1000m에 설치된 펌프에 공동현상이 일어나는지 여부를 판정하시오. (단, 중력가속도는 반드시 9.8m/s²를 적용할 것)

(14.4.문1, 01.7.문9)

득점	배점
	5

유사문제부터 풀어보세요.
실력이 팍!팍! 올라갑니다.

〔조건〕
① 배관의 마찰손실수두 : 0.5m
② 해발 0m에서의 대기압 : 1.033×10^5 Pa
③ 해발 1000m에서의 대기압 : 0.901×10^5 Pa
④ 물의 증기압 : 2.334×10^3 Pa
⑤ 필요흡입양정은 4.5m이다.

○ 계산과정 :

○ 답 :

해답 ○ 계산과정 : $\gamma = 1000 \times 9.8 = 9800$N/m³

$$NPSH_{av} = \frac{0.901 \times 10^5}{9800} - \frac{2.334 \times 10^3}{9800} - 4 - 0.5 = 4.455\text{m}$$

○ 답 : 필요흡입양정보다 유효흡입양정이 작으므로 공동현상 발생

해설 (1) 비중량

$$\gamma = \rho g$$

여기서, γ : 비중량[N/m³]
ρ : 밀도(물의 밀도 1000kg/m³ 또는 1000N · s²/m⁴)
g : 중력가속도[m/s²]

비중량 $\gamma = \rho g = 1000$N · s²/m⁴ $\times 9.8$m/s² $= 9800$N/m³

• 단서 〔조건〕에 의해 중력가속도 9.8m/s²를 반드시 적용할 것. 적용하지 않으면 틀림

(2) **수두**

$$H = \frac{P}{\gamma}$$

여기서, H : 수두[m]

$\quad\quad\quad$ P : 압력[Pa 또는 N/m^2]

$\quad\quad\quad$ γ : 비중량[N/m^3]

(3) **표준대기압**

$$1\text{atm} = 760\text{mmHg} = 1.0332\text{kg}_f/\text{cm}^2$$
$$= 10.332\text{mH}_2\text{O(mAq)}$$
$$= 14.7\text{PSI(lb}_f/\text{in}^2)$$
$$= 101.325\text{kPa(kN/m}^2) = 101325\text{Pa(N/m}^2)$$
$$= 1013\text{mbar}$$

$$1\text{Pa} = 1\text{N/m}^2 \quad\quad\quad \text{이므로}$$

대기압수두(H_a) : $H = \dfrac{P}{\gamma} = \dfrac{0.901 \times 10^5 \text{N/m}^2}{9800 \text{N/m}^3}$

- 대기압수두(H_a)는 **펌프**가 **위치**해 **있는 곳**, 즉 해발 1000m에서의 대기압을 기준으로 한다. 해발 0m 에서의 대기압은 적용하지 않는 것에 주의하라!!

수증기압수두(H_v) : $H = \dfrac{P}{\gamma} = \dfrac{2.334 \times 10^3 \text{N/m}^2}{9800 \text{N/m}^3}$

흡입수두(H_s) : **4m**(그림에서 펌프중심~수원표면까지의 수직거리)

마찰손실수두(H_L) : **0.5m**

수조가 펌프보다 낮으므로 **유효흡입양정**은

$\text{NPSH}_{\text{av}} = H_a - H_v - H_s - H_L = \dfrac{0.901 \times 10^5 \text{N/m}^2}{9800 \text{N/m}^3} - \dfrac{2.334 \times 10^3 \text{N/m}^2}{9800 \text{N/m}^3} - 4\text{m} - 0.5\text{m} = 4.455\text{m}$

$$4.455\text{m(NPSH}_{\text{av}}) < 4.5\text{m(NPSH}_{\text{re}}) = \text{공동현상 발생}$$

- 4.5m(NPSH$_{\text{re}}$) : 〔조건 ⑤〕에서 주어진 값
- 중력가속도를 적용하라는 말이 없다면 대기압수두(H_a)와 수증기압수두(H_v)는 다음 ①과 같이 단위 환산으로 구해도 된다.

$$10.332\text{m} = 101.325\text{kPa} = 101325\text{Pa}$$

대기압수두(H_a) : ① $0.901 \times 10^5 \text{Pa} = \dfrac{0.901 \times 10^5 \text{Pa}}{101325 \text{Pa}} \times 10.332\text{m} = 9.187\text{m}$

$\quad\quad\quad\quad\quad\quad$ ② $\dfrac{0.901 \times 10^5 \text{N/m}^2}{9800 \text{N/m}^2} = 9.193\text{m}$

수증기압수두(H_v) : ① $2.334 \times 10^3 \text{Pa} = \dfrac{2.334 \times 10^3 \text{Pa}}{101325 \text{Pa}} \times 10.332\text{m} = 0.237\text{m}$

$\quad\quad\quad\quad\quad\quad$ ② $\dfrac{2.334 \times 10^3 \text{N/m}^2}{9800 \text{N/m}^2} = 0.238\text{m}$

①과 ②가 거의 같은 값이 나오는 것을 알 수 있다. 두 가지 중 어느 식으로 구해도 옳은 답이다.
- 문제에서 흡입수두(H_s)의 기준이 정확하지 않다. 어떤 책에는 '**펌프중심~수원표면까지의 거리**', 어떤 책에는 '**펌프중심~후드밸브까지의 거리**'로 정의하고 있다. 정답은 '**펌프중심~수원표면까지의 거리**'이 다. 어찌되었던 이렇게 혼란스러우므로 문제에서 주어지는 대로 그냥 적용하면 된다. 이 문제에서 는 '**펌프중심~수원표면까지의 거리**'가 주어졌으므로 이것을 흡입수두(H_s)로 보았다.

중요

(1) 흡입 NPSH$_{av}$ vs 압입 NPSH$_{av}$

흡입 NPSH$_{av}$(수조가 펌프보다 낮을 때)	압입 NPSH$_{av}$(수조가 펌프보다 높을 때)
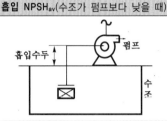	
$$\text{NPSH}_{av} = H_a - H_v - H_s - H_L$$	$$\text{NPSH}_{av} = H_a - H_v + H_s - H_L$$
여기서, NPSH$_{av}$: 유효흡입양정[m] H_a : 대기압수두[m] H_v : 수증기압수두[m] H_s : 흡입수두[m] H_L : 마찰손실수두[m]	여기서, NPSH$_{av}$: 유효흡입양정[m] H_a : 대기압수두[m] H_v : 수증기압수두[m] H_s : 압입수두[m] H_L : 마찰손실수두[m]

(2) 공동현상의 발생한계 조건

① NPSH$_{av}$ ≧ NPSH$_{re}$: 공동현상을 방지하고 정상적인 흡입운전 가능
② NPSH$_{av}$ ≧ 1.3×NPSH$_{re}$: 펌프의 설치높이를 정할 때 붙이는 여유

NPSH$_{av}$(Available Net Positive Suction Head) =유효흡입양정	NPSH$_{re}$(Required Net Positive Suction Head) =필요흡입양정
• 흡입전양정에서 포화증기압을 뺀 값 • 펌프설치 과정에 있어서 펌프흡입측에 가해지는 수두압에서 흡입액의 온도에 해당되는 포화증기압을 뺀 값 • 펌프의 중심으로 유입되는 액체의 절대압력 • 펌프설치 과정에서 펌프 그 자체와는 무관하게 흡입측 배관의 설치위치, 액체온도 등에 따라 결정되는 양정 • 이용 가능한 정미 유효흡입양정으로 흡입전양정에서 포화증기압을 뺀 것	• 공동현상을 방지하기 위해 펌프흡입측 내부에 필요한 최소압력 • 펌프 제작사에 의해 결정되는 값 • 펌프에서 임펠러 입구까지 유입된 액체는 임펠러에서 가압되기 직전에 일시적인 압력강하가 발생되는데 이에 해당하는 양정 • 펌프 그 자체가 캐비테이션을 일으키지 않고 정상운전되기 위하여 필요로 하는 흡입양정 • 필요로 하는 정미 유효흡입양정

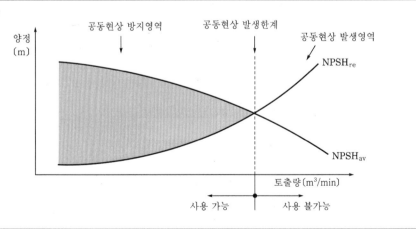

★★★
문제 02

바닥면적 400m², 높이 4m인 전기실(유압기기는 없음)에 이산화탄소 소화설비를 설치할 때 저장용기 (68L/45kg)에 저장된 약제량을 표준대기압, 온도 20℃인 방호구역 내에 전부 방사한다고 할 때 다음 을 구하시오.　(19.4.문3, 16.6.문4, 14.7.문10, 12.11.문13, 02.10.문3, 97.1.문12)

〔조건〕

특점	배점
	6

① 방호구역 내에는 3m²인 출입문이 있으며, 이 문은 자동폐쇄장치가 설치되어 있지 않다.

② 심부화재이고, 전역방출방식을 적용하였다.

③ 이산화탄소의 분자량은 44이고, 이상기체상수는 8.3143kJ/kmol · K이다.

④ 선택밸브 내의 온도와 압력조건은 방호구역의 온도 및 압력과 동일하다고 가정한다.

⑤ 이산화탄소 저장용기는 한 병당 45kg의 이산화탄소가 저장되어 있다.

(가) 이산화탄소 최소 저장용기수(병)를 구하시오.

　ㅇ계산과정 :

　ㅇ답 :

(나) 최소 저장용기를 기준으로 이산화탄소를 모두 방사할 때 선택밸브 1차측 배관에서의 최소 유량 〔m³/min〕을 구하시오.

　ㅇ계산과정 :

　ㅇ답 :

해답 (가) ㅇ계산과정 : $(400 \times 4) \times 1.3 + 3 \times 10 = 2110kg$

$$\frac{2110}{45} = 46.8 ≒ 47병$$

ㅇ답 : 47병

(나) ㅇ계산과정 : 선택밸브 1차측 배관유량 $= \frac{45 \times 47}{7} = 302.142kg/min$

$$V = \frac{302.142 \times 8.3143 \times (273+20)}{101.325 \times 44} = 165.095 ≒ 165.1m^3$$

ㅇ답 : 165.1m³/min

해설 (가) ① CO_2 **저장량**(약제소요량)〔kg〕

= **방**호구역체적〔m³〕×**약**제량〔kg/m³〕**+개**구부면적〔m²〕×개구부가**산**량(10kg/m²)

> **기억법** **방약+개산**

= $(400m^2 \times 4m) \times 1.3kg/m^3 + 3m^2 \times 10kg/m^2 = 2110kg$

- (400m² × 4m) : 문제에서 주어진 값
- 문제에서 **전기실**(전기설비)이고 400m²×4m=1600m³로서 **55m³ 이상**이므로 **1.3kg/m³**
- 〔조건 ①〕에서 자동폐쇄장치가 설치되어 있지 않으므로 **개구부면적** 및 **개구부가산량** 적용

‖ 이산화탄소 소화설비 **심부화재**의 약제량 및 개구부가산량 ‖

방호대상물	약제량	개구부가산량 (자동폐쇄장치 미설치시)	설계농도
전기설비(55m³ 이상), 케이블실	→ 1.3kg/m³	10kg/m²	50%
전기설비(55m³ 미만)	1.6kg/m³		
서고, 박물관, 목재가공품창고, 전자제품창고	2.0kg/m³		65%
석탄창고, 면화류창고, 고무류, 모피창고, 집진설비	2.7kg/m³		75%

- 개구부면적(3m²) : 〔조건 ①〕에서 주어진 값(3m² 출입문이 개구부면적)

② 저장용기수 $= \dfrac{\text{약제소요량}}{\text{1병당 저장량(충전량)}} = \dfrac{2110\text{kg}}{45\text{kg}} = 46.8 ≒ 47\text{병}$

- 저장용기수 산정은 계산결과에서 **소수**가 발생하면 반드시 **절상**
- 2110kg : 바로 위에서 구한 값

(나) ① 선택밸브 직후(1차측 또는 2차측) 배관유량 $= \dfrac{\text{1병당 충전량[kg]×병수}}{\text{약제방출시간[min]}} = \dfrac{45\text{kg}×47\text{병}}{7\text{min}} = 302.142\text{kg/min}$

- 45kg : 〔조건 ⑤〕에서 주어진 값
- 47병 : (가)에서 구한 값
- 7min : 〔조건 ②〕에서 심부화재로서 전역방출방식이므로 **7분** 이내
- '위험물제조소'라는 말이 없는 경우 **일반건축물**로 보면 된다.

▌약제방사시간▐

소화설비		전역방출방식		국소방출방식	
		일반건축물	위험물제조소	일반건축물	위험물제조소
할론소화설비		10초 이내	30초 이내	10초 이내	30초 이내
분말소화설비		30초 이내		30초 이내	
CO_2 소화설비	표면화재	1분 이내	60초 이내	30초 이내	
	심부화재 → 7분 이내				

- **표면화재** : 가연성 액체·가연성 가스
- **심부화재** : 종이·목재·석탄·석유류·합성수지류

🖊 **비교**

(1) 선택밸브 직후의 유량 $= \dfrac{\text{1병당 저장량[kg]×병수}}{\text{약제방출시간[s]}}$

(2) 약제의 유량속도 $= \dfrac{\text{1병당 충전량[kg]×병수}}{\text{약제방출시간[s]}}$

(3) 방사량 $= \dfrac{\text{1병당 저장량[kg]×병수}}{\text{헤드수×약제방출시간[s]}}$

(4) 분사헤드수 $= \dfrac{\text{1병당 저장량[kg]×병수}}{\text{헤드 1개의 표준방사량[kg]}}$

(5) 개방(용기)밸브 직후의 유량 $= \dfrac{\text{1병당 충전량[kg]}}{\text{약제방출시간[s]}}$

② 이산화탄소의 **부피**

$$PV = \dfrac{m}{M}RT$$

여기서, P : 압력(1atm)
　　　　V : 부피[m³]
　　　　m : 질량[kg]
　　　　M : 분자량(44kg/kmol)
　　　　R : 기체상수(0.082atm·m³/kmol·K)
　　　　T : 절대온도(273+℃)[K]

∴ $V = \dfrac{mRT}{PM} = \dfrac{302.142\text{kg}×8.3143\text{kPa·m}^3/\text{kmol·K}×(273+20)\text{K}}{101.325\text{kPa}×44\text{kg/kmol}}$

　　　$= 165.095 ≒ 165.1\text{m}^3$ (잠시 떼어놓았던 min를 다시 붙이면 **165.1m³/min**)

- 최소 유량을 m³/min로 구하라고 했으므로 kg/min → m³/min로 변환하기 위해 **이상기체상태 방정식 적용**
- 302.142kg : 바로 위에서 구한 값. 이상기체상태 방정식을 적용하기 위해 이미 구한 302.142kg/min 에서 min를 잠시 떼어놓으면 **302.142kg**이 된다.
- 8.3143kPa · m³/kmol · K : 〔조건 ③〕에서 8.3143kJ/kmol · K=8.3143kPa · m³/kmol · K(1kJ=1kPa · m³)
- 20℃ : 문제에서 주어진 값
- 101.325kPa : 문제에서 **표준대기압**이라고 했으므로 101.325kPa 적용. 다른 단위도 적용할 수 있지만 〔조건 ③〕에서 주어진 이상기체상수 단위 kJ/kmol · K=kPa · m³/kmol · K이므로 단위를 일치시켜 계산을 편하게 하기 위해 **kPa**을 적용
- **표준대기압**
  $$1atm=760mmHg=1.0332kg_f/cm^2$$
  $$=10.332mH_2O(mAq)=10.332m$$
  $$=14.7PSI(lb_f/in^2)$$
  $$=101.325kPa(kN/m^2)$$
  $$=1013mbar$$
- 1kJ=1kPa · m³
- 44kg/kmol : 〔조건 ③〕에서 주어진 값. 분자량의 단위는 kg/kmol이므로 44kg/kmol이 된다.

★★★
문제 03

다음 그림은 어느 스프링클러설비의 Isometric Diagram이다. 이 도면과 주어진 조건에 의하여 헤드 A만을 개방하였을 때 실제 방수압과 방수량을 계산하시오.

(18.6.문3, 07.7.문3)

득점	배점
	12

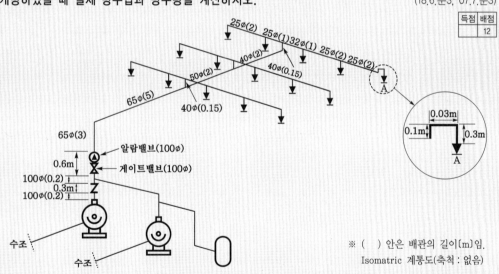

※ ( ) 안은 배관의 길이〔m〕임.
Isomatric 계통도(축척 : 없음)

〔조건〕

① 펌프의 양정은 토출량에 관계없이 일정하다고 가정한다(펌프토출압=0.3MPa).
② 헤드의 방출계수(K)는 90이다.
③ 배관의 마찰손실은 하젠-윌리엄스의 공식을 따르되 계산의 편의상 다음 식과 같다고 가정한다.

$$\Delta P = \frac{6 \times 10^4 \times Q^2}{120^2 \times d^5}$$

여기서, ΔP : 배관길이 1m당 마찰손실압력〔MPa〕

Q : 배관 내의 유수량〔L/min〕

d : 배관의 안지름〔mm〕

④ 배관의 호칭구경별 안지름은 다음과 같다.

호칭구경	25ϕ	32ϕ	40ϕ	50ϕ	65ϕ	80ϕ	100ϕ
내 경	28	37	43	54	69	81	107

⑤ 배관 부속 및 밸브류의 등가길이[m]는 다음 표와 같으며, 이 표에 없는 부속 또는 밸브류의 등가길이는 무시해도 좋다.

호칭구경 배관 부속	25mm	32mm	40mm	50mm	65mm	80mm	100mm
90° 엘보	0.8	1.1	1.3	1.6	2.0	2.4	3.2
티(측류)	1.7	2.2	2.5	3.2	4.1	4.9	6.3
게이트밸브	0.2	0.2	0.3	0.3	0.4	0.5	0.7
체크밸브	2.3	3.0	3.5	4.4	5.6	6.7	8.7
알람밸브	–	–	–	–	–	–	8.7

⑥ 배관의 마찰손실, 등가길이, 마찰손실압력은 호칭구경 25ϕ와 같이 구하도록 한다.

㈎ 다음 표에서 빈칸을 채우시오.

호칭구경	배관의 마찰손실[MPa/m]	등가길이[m]	마찰손실압력[MPa]
25ϕ	$\Delta P = 2.421 \times 10^{-7} \times Q^2$	직관 : 2+2+0.1+0.03+0.3=4.43 90° 엘보 : 3개×0.8=2.4 ———————— 계 : 6.83m	$1.266 \times 10^{-6} \times Q^2$
32ϕ			
40ϕ			
50ϕ			
65ϕ			
100ϕ			

㈏ 배관의 총 마찰손실압력[MPa]을 구하시오.

　ㅇ계산과정 :

　ㅇ답 :

㈐ 실층고의 환산수두[m]를 구하시오.

　ㅇ계산과정 :

　ㅇ답 :

㈑ A점의 방수량[L/min]을 구하시오.

　ㅇ계산과정 :

　ㅇ답 :

㈒ A점의 방수압[MPa]을 구하시오.

　ㅇ계산과정 :

　ㅇ답 :

해답 (가)

호칭구경	배관의 마찰손실 [MPa/m]	등가길이 [m]	마찰손실압력 [MPa]
25ϕ	$\Delta P = 2.421 \times 10^{-7} \times Q^2$	직관 : 2+2+0.1+0.03+0.3=4.43 90° 엘보 : 3개×0.8=2.4 계 : 6.83m	$1.653 \times 10^{-6} \times Q^2$
32ϕ	$\Delta P = 6.008 \times 10^{-8} \times Q^2$	직관 : 1 계 : 1m	$6.008 \times 10^{-8} \times Q^2$
40ϕ	$\Delta P = 2.834 \times 10^{-8} \times Q^2$	직관 : 2+0.15=2.15 90° 엘보 : 1개×1.3=1.3 티(측류) : 1개×2.5=2.5 계 : 5.95m	$1.686 \times 10^{-7} \times Q^2$
50ϕ	$\Delta P = 9.074 \times 10^{-9} \times Q^2$	직관 : 2 계 : 2m	$1.814 \times 10^{-8} \times Q^2$
65ϕ	$\Delta P = 2.664 \times 10^{-9} \times Q^2$	직관 : 3+5=8 90° 엘보 : 1개×2.0=2.0 계 : 10m	$2.664 \times 10^{-8} \times Q^2$
100ϕ	$\Delta P = 2.970 \times 10^{-10} \times Q^2$	직관 : 0.2+0.2=0.4 체크밸브 : 1개×8.7=8.7 게이트밸브 : 1개×0.7=0.7 알람밸브 : 1개×8.7=8.7 계 : 18.5m	$5.494 \times 10^{-9} \times Q^2$

(나) ○ 계산과정 : $1.653 \times 10^{-6} \times Q^2 + 6.008 \times 10^{-8} \times Q^2 + 1.686 \times 10^{-7} \times Q^2$

$+ 1.814 \times 10^{-8} \times Q^2 + 2.664 \times 10^{-8} \times Q^2 + 5.494 \times 10^{-9} \times Q^2$

$= 1.931 \times 10^{-6} \times Q^2 ≒ 1.93 \times 10^{-6} \times Q^2$ [MPa]

○ 답 : $1.93 \times 10^{-6} \times Q^2$ [MPa]

(다) ○ 계산과정 : $0.2 + 0.3 + 0.2 + 0.6 + 3 + 0.15 + 0.1 - 0.3 = 4.25$m

○ 답 : 4.25m

(라) ○ 계산과정 : $P_3 = 0.3 - 0.0425 - 1.93 \times 10^{-6} \times Q^2 = 0.2575 - 1.93 \times 10^{-6} \times Q^2$

$Q = 90\sqrt{10 \times (0.2575 - 1.93 \times 10^{-6} \times Q^2)} ≒ 134.3$L/min

○ 답 : 134.3L/min

(마) ○ 계산과정 : $0.2575 - 1.93 \times 10^{-6} \times 134.3^2 = 0.222 ≒ 0.22$MPa

○ 답 : 0.22MPa

해설 (가) **산출근거**

① **배관의 마찰손실** [MPa/m]

[조건 ③]에 의해 ΔP를 산정하면 다음과 같다.

㉠ 호칭구경 25ϕ : $\Delta P = \dfrac{6 \times 10^4 \times Q^2}{120^2 \times d^5} = \dfrac{6 \times 10^4 \times Q^2}{120^2 \times 28^5} = 2.421 \times 10^{-7} \times Q^2$

㉡ 호칭구경 32ϕ : $\Delta P = \dfrac{6 \times 10^4 \times Q^2}{120^2 \times d^5} = \dfrac{6 \times 10^4 \times Q^2}{120^2 \times 37^5} = 6.008 \times 10^{-8} \times Q^2$

㉢ 호칭구경 40ϕ : $\Delta P = \dfrac{6 \times 10^4 \times Q^2}{120^2 \times d^5} = \dfrac{6 \times 10^4 \times Q^2}{120^2 \times 43^5} = 2.834 \times 10^{-8} \times Q^2$

㉣ 호칭구경 50ϕ : $\Delta P = \dfrac{6 \times 10^4 \times Q^2}{120^2 \times d^5} = \dfrac{6 \times 10^4 \times Q^2}{120^2 \times 54^5} = 9.074 \times 10^{-9} \times Q^2$

ⓜ 호칭구경 65ϕ : $\Delta P = \dfrac{6 \times 10^4 \times Q^2}{120^2 \times d^5} = \dfrac{6 \times 10^4 \times Q^2}{120^2 \times 69^5} = 2.664 \times 10^{-9} \times Q^2$

ⓗ 호칭구경 100ϕ : $\Delta P = \dfrac{6 \times 10^4 \times Q^2}{120^2 \times d^5} = \dfrac{6 \times 10^4 \times Q^2}{120^2 \times 107^5} = 2.970 \times 10^{-10} \times Q^2$

- 〔조건 ③〕의 식에서 배관의 안지름(d)은 호칭구경을 의미하는 것이 아니고, **내경**을 의미하는 것으로 〔**조건 ④**〕에 의해 산정하는 것에 주의하라.

② • 문제에서 헤드 A만을 개방한다고 했으므로 물이 흐르는 방향은 아래의 그림과 같기 때문에 굵은 선 부분 외에는 물이 흐르지 않는다. 그러므로 물이 흐르는 부분만 고려하여 등가길이를 산정해야 한다.

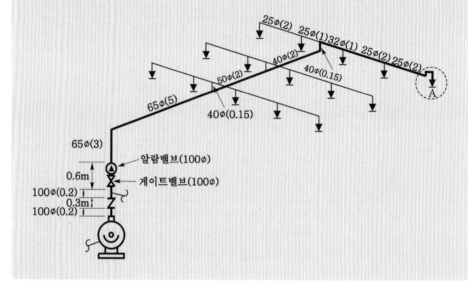

등가길이〔m〕

※ ( ) 안은 배관의 길이〔m〕라고 문제에 주어졌음

호칭구경 25ϕ | 4.43m + 0.8m = 5.23m

㉠ 직관 : 2+2+0.1+0.03+0.3 = 4.43m

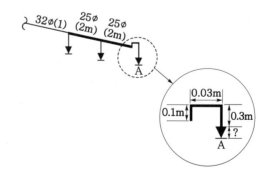

- ?부분은 직관이 아니고 헤드이므로 생략

ⓒ 관부속품 : 90° 엘보 3개, 3개×0.8=2.4m
90° 엘보의 사용위치를 ○로 표시하면 다음과 같다.

- 티(직류), 리듀셔(25×15A)는 〔조건 ⑤〕에 의해서 무시한다.

호칭구경 32ϕ

직관 : 1m

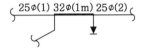

- 티(직류), 리듀셔(32×25A)는 〔조건 ⑤〕에 의해서 무시한다.

호칭구경 40ϕ   2.15m+1.3m+2.5m=5.95m

㉠ 직관 : 2+0.15=2.15m

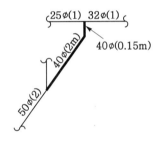

ⓒ 관부속품 : 90° 엘보 1개, 티(측류) 1개, 각각의 사용위치를 90° 엘보는 ○, 티(측류)는 ┏ 로 표시하면 다음과 같다.
- 90° 엘보 : 1개×1.3=1.3m
- 티(측류) : 1개×2.5=2.5m

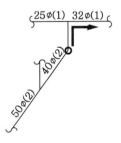

- 리듀셔(40×25A), 리듀셔(40×32A)는 〔조건 ⑤〕에 의해서 무시한다.
- 물의 흐름방향에 따라 티(분류, 측류)와 티(직류)를 다음과 같이 분류한다.

‖ 티(분류, 측류) ‖   ‖ 티(직류) ‖

호칭구경 50ϕ 직관 : 2m

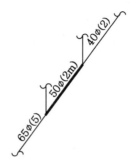

• 티(직류), 리듀셔(50×40A)는 〔조건 ⑤〕에 의해서 무시한다.

호칭구경 65ϕ 8m+2.0m=10m

㉠ 직관 : 3+5=8m

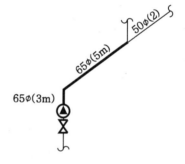

㉡ 관부속품 : 90° 엘보 1개, 1개×2.0=2.0m

90° 엘보의 사용위치를 ○로 표시하면 다음과 같다.

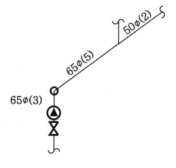

• 티(직류), 리듀셔(65×50A)는 〔조건 ⑤〕에 의해서 무시한다.

호칭구경 100ϕ 0.4m+8.7m+0.7m+8.7m=18.5m

㉠ 직관 : 0.2+0.2=0.4m

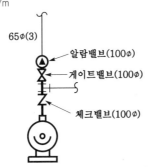

• **직관**은 순수한 배관의 길이로서 알람밸브, 게이트밸브, 체크밸브 등의 길이는 고려하지 않음에 주의

ⓒ 관부속품
  • 체크밸브 : 1개, 1개×8.7＝8.7m
  • 게이트밸브 : 1개, 1개×0.7＝0.7m
  • 알람밸브 : 1개, 1개×8.7＝8.7m

• 티(Tee)가 있지만 티(직류)로서 〔조건 ⑤〕에 티(직류) 등가길이가 없으므로 무시한다.

③ **마찰손실압력**〔MPa〕

$$마찰손실압력〔MPa〕＝배관의 \ 마찰손실〔MPa/m〕×등가길이〔m〕$$

ⓐ 호칭구경 25ϕ : $\Delta P_m = (2.421 \times 10^{-7} \times Q^2) \times 6.83m = 1.653 \times 10^{-6} \times Q^2$

ⓑ 호칭구경 32ϕ : $\Delta P_m = (6.008 \times 10^{-8} \times Q^2) \times 1m = 6.008 \times 10^{-8} \times Q^2$

ⓒ 호칭구경 40ϕ : $\Delta P_m = (2.834 \times 10^{-8} \times Q^2) \times 5.95m = 1.686 \times 10^{-7} \times Q^2$

ⓓ 호칭구경 50ϕ : $\Delta P_m = (9.074 \times 10^{-9} \times Q^2) \times 2m = 1.814 \times 10^{-8} \times Q^2$

ⓔ 호칭구경 65ϕ : $\Delta P_m = (2.664 \times 10^{-9} \times Q^2) \times 10m = 2.664 \times 10^{-8} \times Q^2$

ⓕ 호칭구경 100ϕ : $\Delta P_m = (2.970 \times 10^{-10} \times Q^2) \times 18.5m = 5.494 \times 10^{-9} \times Q^2$

㈏ **배관의 총 마찰손실압력**

$= 1.653 \times 10^{-6} \times Q^2 + 6.008 \times 10^{-8} \times Q^2 + 1.686 \times 10^{-7} \times Q^2$

$\quad + 1.814 \times 10^{-8} \times Q^2 + 2.664 \times 10^{-8} \times Q^2 + 5.494 \times 10^{-9} \times Q^2$

$\fallingdotseq 1.93 \times 10^{-6} \times Q^2 〔MPa〕$

• 문제에서 헤드 A만을 개방한다고 하였으므로 헤드 A만 개방할 때에는 A점의 방수량을 포함하여 유량 Q가 모두 동일하므로 $Q=80L/min$을 적용하는 것은 잘못된 계산이다. 만약, Q값을 적용하려면 ㈐에서 구한 **134.3L/min**을 적용하여야 한다. 거듭 주의하라!!

㈐ **실층고의 수두환산압력**

$= 0.2m + 0.3m + 0.2m + 0.6m + 3m + 0.15m + 0.1m - 0.3m = 4.25m$

- **실층고**는 수평배관은 고려하지 않고 **수직배관**만 고려하며, **체크밸브, 게이트밸브, 알람밸브**도 수직으로 되어 있으므로 실층고에 적용하는 것에 주의하라.
- 펌프를 기준으로 모두 올라갔기 때문에 +로 계산하지만, 헤드 바로 위에 있는 0.3m는 내려가므로 ㅡ를 붙여야 한다.
- 이 문제에서는 정확하게 제시되어 있지 않지만 스프링클러헤드 높이도 별도로 주어졌다면 실층고에 적용해야 한다.

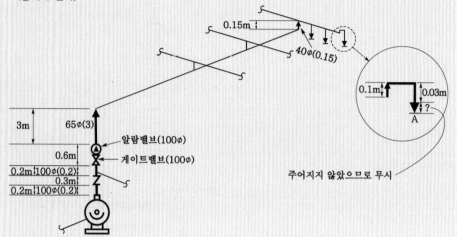

(라) **A점**의 **방수량** Q는

$$Q = K\sqrt{10P} = 90\sqrt{10 \times (0.2575 - 1.93 \times 10^{-6} \times Q^2)}$$

$$Q = 90\sqrt{2.575 - 1.93 \times 10^{-5} \times Q^2}$$

$$Q^2 = 90^2 (2.575 - 1.93 \times 10^{-5} \times Q^2)$$

$$Q^2 = 90^2 \times 2.575 - 90^2 \times 1.93 \times 10^{-5} \times Q^2$$

$$Q^2 = 20857.5 - 0.15633\, Q^2$$

$$Q^2 + 0.15633\, Q^2 = 20857.5$$

$$(1 + 0.15633)\, Q^2 = 20857.5$$

$$1.15633\, Q^2 = 20857.5$$

$$Q^2 = \frac{20857.5}{1.15633}$$

$$\sqrt{Q^2} = \sqrt{\frac{20857.5}{1.15633}}$$

$$Q = \sqrt{\frac{20857.5}{1.15633}} \fallingdotseq 134.3 \text{L/min}$$

토출압

$$P = P_1 + P_2 + P_3$$

여기서, P : 펌프의 토출압〔MPa〕
P_1 : 배관의 총 마찰손실압력〔MPa〕
P_2 : 실층고의 수두환산압력〔MPa〕
P_3 : 방수압〔MPa〕

A점의 방수압 $P_3 = P - P_2 - P_1$
$$= 0.3\text{MPa} - 0.0425\text{MPa} - 1.93 \times 10^{-6} \times Q^2 \,\text{〔MPa〕}$$
$$= (0.2575 - 1.93 \times 10^{-6} \times Q^2)\text{MPa}$$

- $P(0.3\text{MPa})$: 〔조건 ①〕에서 주어진 값
- $P_2(0.0425\text{MPa})$: (다)에서 구한 값, 4.25m = 0.0424MPa(100m = 1MPa)
- $P_1(1.93 \times 10^{-6} \times Q^2)$: (나)에서 구한 값

(마) (라)에서 **A점**의 **방수압** P_3는

$$P_3 = (0.2575 - 1.93 \times 10^{-6} \times Q^2)\text{MPa} = (0.2575 - 1.93 \times 10^{-6} \times 134.3)\text{MPa} = 0.222 ≒ 0.22\text{MPa}$$

별해

- A점의 방수압은 다음과 같이 구할 수도 있다.

$$\boxed{Q = K\sqrt{10P}} \text{ 에서}$$

$$10P = \left(\frac{Q}{K}\right)^2$$

$$P = \frac{1}{10} \times \left(\frac{Q}{K}\right)^2 = \frac{1}{10} \times \left(\frac{134.3\text{L/min}}{90}\right)^2 = 0.222 ≒ \textbf{0.22MPa}$$

- Q(134.3L/min) : (라)에서 구한 값

★★★ 문제 04

건식 스프링클러설비의 최대 단점은 시스템 내의 압축공기가 빠져나가는 만큼 물이 화재대상물에 방출이 지연되는 것이다. 이것을 방지하기 위해 설치하는 보완설비 2가지를 쓰시오. (15.7.문4, 04.4.문4)

○

○

득점	배점
	4

해답 ① 액셀레이터
② 익져스터

해설 **액셀레이터(accelerator), 익져스터(exhauster)**
건식 스프링클러설비는 2차측 배관에 공기압이 채워져 있어서 헤드 작동후 공기의 저항으로 소화에 악영향을 미치지 않도록 설치하는 Quick Opening Devices(Q.O.D)로서, 이것은 건식밸브 개방시 압축공기의 **배출속도**를 가속시켜 1차측 배관내의 가압수를 2차측 헤드까지 신속히 송수할 수 있도록 한다.

‖ 액셀레이터와 익져스터 비교 ‖

구 분		액셀레이터(accelator)	익져스터(exhauster)
설치 형태	입구	**2차측 토출배관**에 연결됨	**2차측 토출배관**에 연결됨
	출구	건식밸브의 **중간챔버**에 연결됨	**대기중**에 노출됨
작동 원리		내부에 **차압챔버**가 일정한 압력으로 조정되어 있는데, 헤드가 개방되어 2차측 배관 내의 공기압이 저하되면 차압챔버의 압력에 의하여 건식밸브의 **중간챔버**를 통해 **공기**가 **배출**되어 클래퍼(clapper)를 밀어준다.	헤드가 개방되어 2차측 배관 내의 공기압이 저하되면 익져스터 내부에 설치된 챔버의 압력변화로 인해 익져스터의 내부밸브가 열려 **건식밸브 2차측의 공기**를 대기로 **배출**시킨다. 또한, 건식밸브의 **중간챔버**를 통해서도 공기가 배출되어 클래퍼(clapper)를 밀어준다.
외형		‖ 액셀레이터 ‖	‖ 익져스터 ‖

문제 05

다음은 소방용 배관을 소방용 합성수지배관으로 설치할 수 있는 경우이다. 보기에서 골라 빈칸을 완성하시오. (단, 소방용 합성수지배관의 성능인증 및 제품검사의 기술기준에 적합한 것이다.)

(16.11.문12, 14.11.문10)

득점	배점
	6

〔보기〕
지상, 지하, 내화구조, 방화구조, 단열구조, 소화수, 천장, 벽, 반자, 바닥, 불연재료, 난연재료

○ 배관을 (①)에 매설하는 경우
○ 다른 부분과 (②)로 구획된 덕트 또는 피트의 내부에 설치하는 경우
○ (③)(상층이 있는 경우 상층바닥의 하단 포함)과 (④)를 (⑤) 또는 준(⑤)로 설치하고 소화배관 내부에 항상 (⑥)가 채워진 상태로 설치하는 경우

해답 ① 지하   ② 내화구조   ③ 천장   ④ 반자   ⑤ 불연재료   ⑥ 소화수

해설 **소방용 합성수지배관으로 설치할 수 있는 경우**(NFPC 102 6조, NFTC 102 2.3.2)
(1) 배관을 **지하**에 **매설**하는 경우
(2) 다른 부분과 **내화구조**로 구획된 **덕트** 또는 **피트**의 내부에 설치하는 경우
(3) **천장**(상층이 있는 경우 상층바닥의 하단 포함)과 **반자**를 **불연재료** 또는 **준불연재료**로 설치하고 소화배관 내부에 항상 **소화수**가 채워진 상태로 설치하는 경우

중요

배관의 종류(NFPC 102 6조, NFTC 102 2.3.1)

사용압력	배관 종류
1.2MPa 미만	① 배관용 탄소강관 ② 이음매 없는 구리 및 구리합금관(**습식**배관) ③ 배관용 스테인리스강관 또는 일반배관용 스테인리스강관 ④ 덕타일 주철관
1.2MPa 이상	① 압력배관용 탄소강관 ② 배관용 아크용접 탄소강 강관

문제 06

자동 스프링클러설비 중 일제살수식 스프링클러설비에 사용하는 일제개방밸브의 개방방식은 2가지로 구분한다. 2가지 방식의 종류 및 작동원리에 대하여 기술하시오.

(12.11.문6)

(1) 종류 :
    작동원리:
(2) 종류 :
    작동원리:

득점	배점
	6

해답 (1) 종류 : 가압개방식
        작동원리 : 화재감지기가 화재를 감지해서 전자개방밸브를 개방시키거나, 수동개방밸브를 개방하면 가압수가 실린더실을 가압하여 일제개방밸브가 열리는 방식
    (2) 종류 : 감압개방식
        작동원리 : 화재감지기가 화재를 감지해서 전자개방밸브를 개방시키거나, 수동개방밸브를 개방하면 가압수가 실린더실을 감압하여 일제개방밸브가 열리는 방식

해설 **일제개방밸브**

개방방식	작동원리
가압개방식	화재감지기가 화재를 감지해서 **전자개방밸브**(solenoid valve)를 개방시키거나, **수동개방밸브**를 개방하면 가압수가 실린더실을 **가압**하여 일제개방밸브가 열리는 방식 (a) 작동전　　(b) 작동후 ‖ 가압개방식 일제개방밸브 ‖
감압개방식	화재감지기가 화재를 감지해서 **전자개방밸브**(solenoid valve)를 개방시키거나, **수동개방밸브**를 개방하면 가압수가 실린더실을 **감압**하여 일제개방밸브가 열리는 방식 (a) 작동전　　(b) 작동후 ‖ 감압개방식 일제개방밸브 ‖

★★ **문제 07**

다음 그림과 같은 벤투리관을 설치하여 관로를 유동하는 물의 유속을 측정하고자 한다. 액주계에는 비중 13.6인 수은이 들어 있고 액주계에서 수은의 높이차가 500mm일 때 흐르는 물의 속도(V_1)는 몇 m/s인가? (단, 피토정압관의 속도계수는 0.97이며, 직경 300mm관과 직경 150mm관의 위치수두는 동일하다. 또한 중력가속도는 9.81m/s²이다.)

(17.4.문12, 13.11.문5)

득점	배점
	5

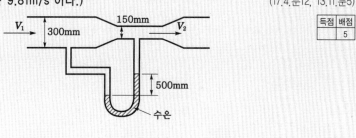

○계산과정 :
○답 :

○ **계산과정**: $\gamma_s = 13.6 \times 9.81 = 133.416 \text{kN/m}^3$

$$\gamma = 1000 \times 9.81 = 9810 \text{N/m}^3 = 9.81 \text{kN/m}^3$$

$$V_2 = \frac{0.97}{\sqrt{1 - 0.25^2}} \sqrt{\frac{2 \times 9.81 \times (133.416 - 9.81)}{9.81} \times 0.5} = 11.137 \text{m/s}$$

$$V_1 = \left(\frac{150}{300}\right)^2 \times 11.137 = 2.784 = 2.78 \text{m/s}$$

○ **답** : 2.78m/s

(1) 비중

$$s = \frac{\gamma_s}{\gamma}$$

여기서, s : 비중

γ_s : 어떤 물질의 비중량[N/m³]

γ : 물의 비중량(9.81kN/m³)

$$13.6 = \frac{\gamma_s}{9.81 \text{kN/m}^3}$$

$$\gamma_s = 13.6 \times 9.81 \text{kN/m}^3 = 133.416 \text{kN/m}^3$$

$$\gamma = \rho g$$

여기서, γ : 물의 비중량[N/m³]

ρ : 물의 밀도(1000N·s²/m⁴)

g : 중력가속도[m/s²]

$$\gamma = \rho g = 1000 \text{N} \cdot \text{s}^2/\text{m}^4 \times 9.81 \text{m/s}^2 = 9810 \text{N/m}^3 = 9.81 \text{kN/m}^3$$

(2) 벤투리미터의 속도식

$$V_2 = \frac{C_v}{\sqrt{1 - m^2}} \sqrt{\frac{2g(\gamma_s - \gamma)}{\gamma}} R = C\sqrt{\frac{2g(\gamma_s - \gamma)}{\gamma}} R$$

여기서, V_2 : 물의 속도[m/s], C_v : 속도계수, g : 중력가속도(9.8m/s²)

γ_s : 비중량(수은의 비중량)[kN/m³], γ : 비중량(물의 비중량)[kN/m³]

R : 마노미터 읽음(수은주 높이차)[mHg], C : 유량계수$\left(\text{노즐의 흐름계수, } C = \dfrac{C_v}{\sqrt{1 - m^2}}\right)$

m : 개구비$\left[\dfrac{A_2}{A_1} = \left(\dfrac{D_2}{D_1}\right)^2\right]$

A_1 : 입구면적[m²], A_2 : 출구면적[m²], D_1 : 입구직경[m], D_2 : 출구직경[m]

$$m = \left(\frac{D_2}{D_1}\right)^2 = \left(\frac{150 \text{mm}}{300 \text{mm}}\right)^2 = 0.25$$

물의 속도 V_2는

$$V_2 = \frac{C_v}{\sqrt{1 - m^2}} \sqrt{\frac{2g(\gamma_s - \gamma)}{\gamma}} R = \frac{0.97}{\sqrt{1 - 0.25^2}} \sqrt{\frac{2 \times 9.81 \text{m/s}^2 \times (133.416 - 9.81) \text{kN/m}^3}{9.81 \text{kN/m}^3} \times 0.5 \text{mHg}} = 11.137 \text{m/s}$$

- [단서]에 의해 중력가속도는 9.81m/s²를 적용하여야 한다. 일반적으로 알고있는 9.8m/s²을 적용하면 틀린다.
- 물의 속도(V_2)는 출구면적(A_2)을 곱하지 않는다.
- 0.5mHg : 문제에서 수은주 높이차 500mm=500mmHg=0.5mHg(1000mm=1m)
- R : 수은주 높이차[mHg]를 적용하는 것에 주의! [mAq]로 변환하는게 아님

(3) 유량

$$Q = AV = \left(\frac{\pi D^2}{4}\right) V$$

여기서, Q : 유량[m³/s], A : 단면적[m²], V : 유속[m/s], D : 내경[m]

$$V = \dfrac{Q}{\dfrac{\pi D^2}{4}} \propto \dfrac{1}{D^2} \text{이므로}$$

$$V_1 : \dfrac{1}{D_1{}^2} = V_2 : \dfrac{1}{D_2{}^2}$$

$$V_1 \times \dfrac{1}{D_2{}^2} = V_2 \times \dfrac{1}{D_1{}^2}$$

$$V_1 = \left(\dfrac{D_2{}^2}{D_1{}^2}\right) V_2$$

$$V_1 = \left(\dfrac{D_2}{D_1}\right)^2 V_2 = \left(\dfrac{150\text{mm}}{300\text{mm}}\right)^2 \times 11.137\text{m/s} = 2.784 \fallingdotseq 2.78\text{m/s}$$

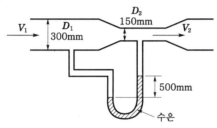

- 150mm : 그림에서 주어진 값
- 300mm : 그림에서 주어진 값
- 11.14m/s : 바로 위에서 구한 값

비교

유량

- 유량을 먼저 구하고 단면적 A_1으로 나누어 주어도 V_1을 구할 수 있음. 이것도 정답

$$Q = C_v \dfrac{A_2}{\sqrt{1-m^2}} \sqrt{\dfrac{2g(\gamma_s - \gamma_w)}{\gamma_w}R} \quad \text{또는} \quad Q = CA_2 \sqrt{\dfrac{2g(\gamma_s - \gamma_w)}{\gamma_w}R}$$

여기서, Q : 유량[m³/s]

C_v : 속도계수$(C_v = C\sqrt{1-m^2})$

C : 유량계수$\left(C = \dfrac{C_v}{\sqrt{1-m^2}}\right)$

A_2 : 출구면적[m²]

g : 중력가속도[m/s²]

γ_s : 수은의 비중량[N/m³]

γ_w : 물의 비중량[N/m³]

R : 마노미터 읽음(수은주의 높이)[mAq]

m : 개구비

$$Q = C_v \dfrac{A_2}{\sqrt{1-m^2}} \sqrt{\dfrac{2g(\gamma_s - \gamma_w)}{\gamma_w}R}$$

$$= 0.97 \times \dfrac{\dfrac{\pi}{4} \times (0.15\text{m})^2}{\sqrt{1-0.25^2}} \times \sqrt{\dfrac{2 \times 9.81\text{m/s}^2 \times (133.416 - 9.81)\text{kN/m}^3 \times 0.5\text{mHg}}{9.81\text{kN/m}^3}}$$

$$= 0.196\text{m}^3/\text{s}$$

$$A_1 = \frac{\pi}{4} D_1{}^2 = \frac{\pi}{4} \times (0.3\text{m})^2 = 0.07\text{m}^2$$

$$Q = A_1 V_1$$

$$V_1 = \frac{Q}{A_1} = \frac{0.196\text{m}^3/\text{s}}{0.07\text{m}^2} = 2.8\text{m/s}$$

- 소수점 차이가 있지만 둘 다 정답

★★

문제 08

분말소화설비의 화재안전기술기준에 따른 분말소화약제 저장용기에 대한 설치기준이다. 주어진 보기에서 골라 빈칸에 알맞은 말을 넣으시오.

득점	배점
	5

[보기]
방호구역 내, 방호구역 외, 1, 2, 3, 4, 5, 10, 20, 30, 40, 50, 게이트, 글로브, 체크밸브

◦ (①)의 장소에 설치할 것. 다만, (②)에 설치할 경우에는 피난 및 조작이 용이하도록 피난구 부근에 설치해야 한다.
◦ 온도가 (③)℃ 이하이고, 온도 변화가 작은 곳에 설치할 것
◦ 용기 간의 간격은 점검에 지장이 없도록 (④)cm 이상의 간격을 유지할 것
◦ 저장용기와 집합관을 연결하는 연결배관에는 (⑤)를 설치할 것. 다만, 저장용기가 하나의 방호구역만을 담당하는 경우에는 그렇지 않다.

해답
① 방호구역 외
② 방호구역 내
③ 40
④ 3
⑤ 체크밸브

해설 **분말소화설비의 저장용기 적합장소 설치기준**(NFTC 108 2.1)
(1) **방호구역 외**의 장소에 설치할 것. (단, **방호구역 내**에 설치할 경우에는 피난 및 조작이 용이하도록 피난구 부근에 설치) [보기 ①②]
(2) 온도가 **40℃ 이하**이고, 온도 변화가 작은 곳에 설치할 것 [보기 ③]
(3) **직사광선** 및 **빗물**이 침투할 우려가 없는 곳에 설치할 것
(4) **방화문**으로 방화구획 된 실에 설치할 것
(5) 용기의 설치장소에는 해당 용기가 설치된 곳임을 표시하는 표지를 할 것
(6) 용기 간의 간격은 점검에 지장이 없도록 **3cm 이상**의 간격을 유지할 것 [보기 ④]
(7) 저장용기와 집합관을 연결하는 연결배관에는 **체크밸브**를 설치할 것. (단, 저장용기가 하나의 방호구역만을 담당하는 경우는 제외) [보기 ⑤]

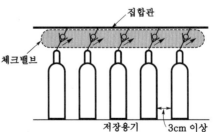

문제 09 ★★★

다음은 할론소화설비의 배치도이다. 그림의 조건에 적합하도록 점선으로 배관을 그리고 체크밸브를 도시하시오.

(08.7.문4)

득점	배점
	5

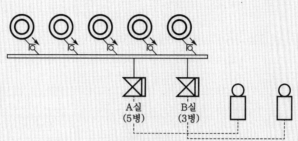

〔조건〕

① 체크밸브 3개를 사용하며 도시기호는 과 를 사용할 것
   〔범례〕

   ◎ 할론저장용기   ⊠ 선택밸브   ▯ 기동용기

② A실 5병, B실 3병이 적용되도록 할 것

해답

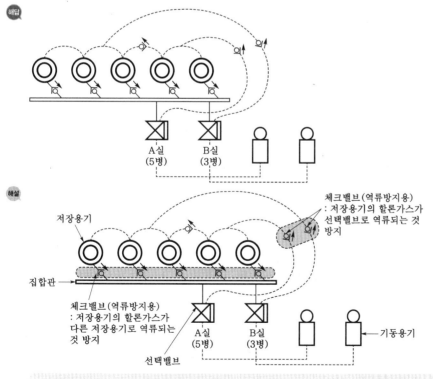

해설

• **역류방지**를 목적으로 할론저장용기와 선택밸브 사이에는 반드시 **체크밸브**를 **1개**씩 설치해야 한다. 하지만 문제에 따라 생략하는 경우도 있다. 이 문제에서는 다행인지는 모르지만 체크밸브가 모두 그려져 있다.
• 체크밸브=가스체크밸브

문제 10

다음 그림은 옥내소화전설비의 계통도를 나타내고 있다. 보기를 참고하여 이 계통도에서 잘못 설치된 부분 4가지를 지적하고 수정방법을 쓰시오.

(13.11.문1)

득점	배점
	8

〔보기〕

① 도면상에 (　) 안의 수치는 배관 구경을 나타낸다.

② 가까운 곳에 있는 부분을 수정할 때는 다음 예시와 같이 작성하도록 한다.

○옳은 예 :

틀린 부분	수정 부분
XX의 A와 B	위치를 변경하여 설치

○잘못된 예(1가지만 정답으로 인정) :

틀린 부분	수정 부분
XX의 A	B
XX의 B	A

틀린 부분	수정 부분

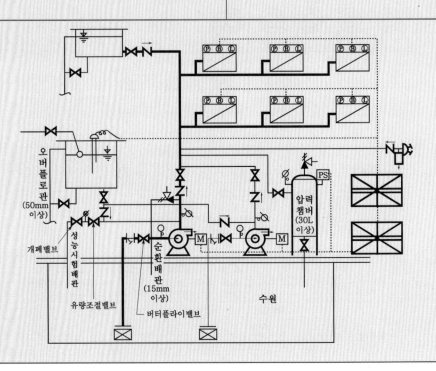

해답

틀린 부분	수정 부분
순환배관 15mm 이상	순환배관 20mm 이상
압력챔버 30L 이상	압력챔버 100L 이상
성능시험배관의 유량조절밸브와 개폐밸브	위치를 변경하여 설치
버터플라이밸브	버터플라이밸브 이외의 개폐표시형 밸브 설치

해설

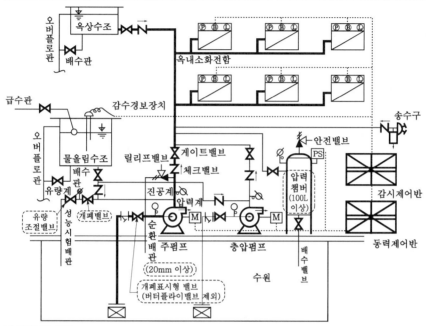

(가) **용량 및 구경**

구 분	설 명
급수배관 구경	**15mm** 이상
순환배관 구경 ➡	**20mm** 이상(정격토출량의 **2~3%** 용량)
물올림관 구경	**25mm** 이상(높이 **1m** 이상)
오버플로관 구경	**50mm** 이상
물올림수조 용량	**100L** 이상
압력챔버의 용량 ➡	**100L** 이상

(나) **펌프**의 **성능시험방법** : 성능시험배관의 **유량계**의 **선단**에는 **개폐밸브**를, **후단**에는 **유량조절밸브**를 설치할 것

유량계에 따른 방법	압력계에 따른 방법

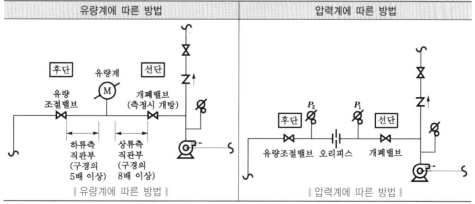

펌프의 흡입측 배관에는 **버터플라이밸브**(Butterfly valve) **이외**의 **개폐표시형** 밸브를 설치해야 한다. 그러므로 그냥 개폐표시형 밸브라고 쓰면 틀린다. 왜냐하면 버터플라이밸브는 개폐표시형 밸브의 한 종류이기 때문이다.

중요

펌프흡입측에 버터플라이밸브를 제한하는 이유	버터플라이밸브(Butterfly valve)
① 물의 **유체저항**이 매우 커서 원활한 흡입이 되지 않는다. ② 유효흡입양정(NPSH)이 감소되어 **공동현상**(Cavitation)이 발생할 우려가 있다. ③ 개폐가 순간적으로 이루어지므로 **수격작용**(Water hammering)이 발생할 우려가 있다.	① **대형 밸브**로서 유체의 흐름방향을 **180°**로 **변환**시킨다. ② 주관로상에 사용되며 개폐가 순간적으로 이루어진다.

‖ 버터플라이밸브 ‖

★★ 문제 11

특수가연물을 저장·취급하는(가로 20m, 세로 10m) 창고에 압축공기포소화설비를 설치하고자 한다. 압축공기포헤드는 저발포용을 사용하고 최대 발포율을 적용할 때 발포후 체적〔m³〕을 구하시오.

(15.7.문1, 13.11.문10, 12.7.문7)

○계산과정 :

득점	배점
	4

○답 :

해답 ○계산과정 : 방출전 포수용액의 체적 $= (20 \times 10) \times 2.3 \times 10 \times 1 = 4600\text{L} = 4.6\text{m}^3$
　　　　　　발포후 체적 $= 4.6 \times 20 = 92\text{m}^3$
○답 : 92m^3

해설 (1) **방호대상물별 압축공기포 분사헤드**의 **방출량**(NFPC 105 12조, NFTC 105 2.9.2.7)

방호대상물	방출량
특수가연물 ──────→	2.3L/m² · 분
기타	1.63L/m² · 분

(2) **표준방사량**(NFPC 105 6·8조, NFTC 105 2.3.5, 2.5.2.3)

구 분	표준방사량	방사시간(방출시간)
• 포워터 스프링클러헤드	75L/min 이상	
• 포헤드 • 고정포방출구 • 이동식 포노즐 • 압축공기포헤드 ──────→	각 포헤드·고정포방출구 또는 이동식 포노즐, 압축공기포헤드의 설계압력에 의하여 방출되는 소화약제의 양	10분 (10min)

(3) **고정포방출구방식**
  방출전 포수용액의 체적

$$Q = A \times Q_1 \times T \times S$$

여기서, Q: 방출전 포수용액의 체적[L]
A: 단면적[m^2]
Q_1: 압축공기포 분사헤드의 방출량[L/m^2 · 분]
T: 방출시간(방사시간)[분]
S: 포수용액의 농도(1)

방출전 포수용액의 체적[L] $= A \times Q \times T \times S$
$= (20\text{m} \times 10\text{m}) \times 2.3\text{L/m}^2 \cdot 분 \times 10분 \times 1$
$= 4600\text{L} = 4.6\text{m}^3 (1000\text{L} = 1\text{m}^3)$

- 20m×10m : 문제에서 주어진 값
- 2.3L/m^2 · 분 : 문제에서 **특수가연물**이므로 위 표에서 2.3L/m^2 · 분
- 10분 : 문제에서 **압축공기포헤드**를 사용하므로 위 표에서 10분
- 1 : 포수용액이므로 $S=1$

(4) **발포배율**

$$발포배율(팽창비) = \frac{방출된\ 포의\ 체적[L]}{방출전\ 포수용액의\ 체적[L]}$$ 에서

방출된 포의 체적[L] = 방출전 포수용액의 체적[L] × 발포배율(팽창비) = $4.6\text{m}^3 \times 20배 = 92\text{m}^3$

- 방출된 포의 체적 = 발포후 체적
- (1) 팽창비 $= \dfrac{방출된\ 포의\ 체적[L]}{방출전\ 포수용액의\ 체적[L]}$
- (2) 발포배율 $= \dfrac{내용적(용량,\ 부피)[L]}{전체\ 중량 - 빈\ 시료용기의\ 중량}$

‖ 팽창비율에 따른 포의 종류(NFPC 105 12조, NFTC 105 2.9.1) ‖

팽창비율에 따른 포의 종류	포방출구의 종류
팽창비가 **20** 이하인 것(저발포) ◀	포헤드(압축공기포헤드 등)
팽창비가 80~1000 미만인 것(고발포)	고발포용 고정포방출구

- 문제에서 저발포용을 사용하고 최대 발포율을 적용하라 했으므로 **20배** 적용

🖊 **비교**

팽창비

저발포	고발포
• **20배** 이하	• 제1종 기계포 : 80~250배 미만 • 제2종 기계포 : 250~500배 미만 • 제3종 기계포 : 500~1000배 미만

⭐⭐⭐
● 문제 **12**

㉮실을 급기 가압하고자 할 때 주어진 조건을 참고하여 다음 각 물음에 답하시오.

(21.11.문8, 21.7.문1, 16.4.문15, 12.7.문1)

득점	배점
	6

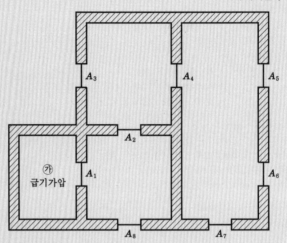

〔조건〕
① 실 외부대기의 기압은 101.38kPa로서 일정하다.
② A실에 유지하고자 하는 기압은 101.55kPa이다.
③ 각 실 문의 틈새면적은 $A_1 = A_2 = A_3 = 0.01m^2$, $A_4 = A_5 = A_6 = A_7 = A_8 = 0.02m^2$이다.
④ 어느 실을 급기가압할 때 그 실의 문 틈새를 통하여 누출되는 공기의 양은 다음의 식에 따른다.

$$Q = 0.827A \cdot P^{\frac{1}{2}}$$

여기서, Q : 누출되는 공기의 양〔m³/s〕
　　　　A : 문의 전체 누설틈새면적〔m²〕
　　　　P : 문을 경계로 한 기압차〔Pa〕

(가) ㉮실의 전체 누설틈새면적 A〔m²〕를 구하시오. (단, 소수점 아래 6째자리에서 반올림하여 소수점 아래 5째자리까지 나타내시오.)
　　○계산과정 :
　　○답 :

(나) ㉮실에 유입해야 할 풍량〔m³/s〕을 구하시오. (단, 소수점 아래 4째자리에서 반올림하여 소수점 아래 3째자리까지 구하시오.)
　　○계산과정 :
　　○답 :

해답 (가) ○계산과정 : $A_{5\sim7} = 0.02 + 0.02 + 0.02 = 0.06m^2$

$$A_{4\sim7} = \frac{1}{\sqrt{\dfrac{1}{0.02^2} + \dfrac{1}{0.06^2}}} = 0.01897m^2$$

$$A_{3\sim7} = 0.01 + 0.01897 = 0.02897m^2$$

$$A_{2 \sim 7} = \cfrac{1}{\sqrt{\cfrac{1}{0.01^2} + \cfrac{1}{0.02897^2}}} = 0.00945\text{m}^2$$

$$A_{2 \sim 8} = 0.02 + 0.00945 = 0.02945\text{m}^2$$

$$A_{1 \sim 8} = \cfrac{1}{\sqrt{\cfrac{1}{0.01^2} + \cfrac{1}{0.02945^2}}} = 0.009469 \fallingdotseq 0.00947\text{m}^2$$

◦ 답 : 0.00947m^2

(나) ◦ 계산과정 : $0.827 \times 0.00947 \times \sqrt{170} = 0.1021 \fallingdotseq 0.102\text{m}^3/\text{s}$

◦ 답 : 0.102m^3/s

 해설

• 틈새면적은 〔단서〕에 의해 소수점 6째자리에서 반올림하여 소수점 5째자리까지 구하면 된다.

(가) 〔조건 ③〕에서 각 실의 틈새면적은 $A_{1 \sim 3}$: 0.01m^2, $A_{4 \sim 8}$: 0.02m^{2}이다.

$A_{5 \sim 7}$은 **병렬상태**이므로

$$A_{5 \sim 7} = 0.02\text{m}^2 + 0.02\text{m}^2 + 0.02\text{m}^2 = 0.06\text{m}^2$$

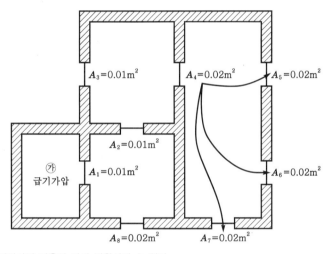

위의 내용을 정리하면 다음과 같이 변환시킬 수 있다.

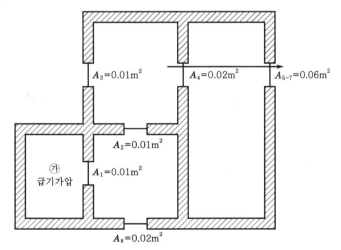

A_4와 $A_{5\sim7}$은 **직렬상태**이므로

$$A_{4\sim7} = \cfrac{1}{\sqrt{\cfrac{1}{(0.02\mathrm{m}^2)^2} + \cfrac{1}{(0.06\mathrm{m}^2)^2}}} = 0.01897\mathrm{m}^2$$

위의 내용을 정리하면 다음과 같이 변환시킬 수 있다.

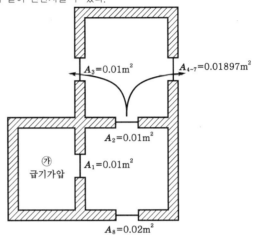

A_3와 $A_{4\sim7}$은 **병렬상태**이므로

$A_{3\sim7} = 0.01\mathrm{m}^2 + 0.01897\mathrm{m}^2 = 0.02897\mathrm{m}^2$

위의 내용을 정리하면 다음과 같이 변환시킬 수 있다.

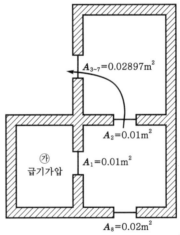

A_2와 $A_{3\sim7}$은 **직렬상태**이므로

$$A_{2\sim7} = \cfrac{1}{\sqrt{\cfrac{1}{(0.01\mathrm{m}^2)^2} + \cfrac{1}{(0.02897\mathrm{m}^2)^2}}} = 0.00945\mathrm{m}^2$$

위의 내용을 정리하면 다음과 같이 변환시킬 수 있다.

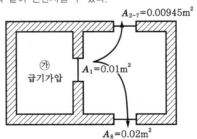

$A_{2\sim7}$와 A_8은 **병렬상태**이므로

$A_{2\sim8} = 0.02\text{m}^2 + 0.00945\text{m}^2 = 0.02945\text{m}^2$

위의 내용을 정리하면 다음과 같이 변환시킬 수 있다.

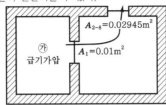

A_1와 $A_{2\sim8}$은 **직렬상태**이므로

$$A_{1\sim8} = \cfrac{1}{\sqrt{\cfrac{1}{(0.01\text{m}^2)^2} + \cfrac{1}{(0.02945\text{m}^2)^2}}} = 0.009469 ≒ 0.00947\text{m}^2$$

- 〔단서〕에 의해 소수점 아래 **6째자리**에서 **반올림**

위의 내용을 정리하면 다음과 같이 변환시킬 수 있다.

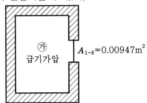

(나) **누설량**

$$Q = 0.827AP^{\frac{1}{2}} = 0.827 A \sqrt{P}$$

여기서, Q : 누설량〔m³/s〕
       A : 누설틈새면적〔m²〕
       P : 차압〔Pa〕

누설량 Q 는
$Q = 0.827 A \sqrt{P} = 0.827 \times 0.00947\text{m}^2 \times \sqrt{170}\,\text{Pa} = 0.1021 ≒ 0.102\text{m}^3/\text{s}$

- 〔단서〕에 의해 소수점 아래 **4째자리**에서 **반올림**
- 차압=기압차=압력차
- 0.00947m² : (개)에서 구한 값
- P(170Pa) : 〔조건 ①, ②〕에서 주어진 값
          101.55kPa−101.38kPa=0.17kPa=170Pa(1kPa=1000Pa)

> **참고**

누설틈새면적

직렬상태	병렬상태
$A = \cfrac{1}{\sqrt{\cfrac{1}{A_1{}^2} + \cfrac{1}{A_2{}^2} + \cdots}}$	$A = A_1 + A_2 + \cdots$ 여기서, A : 전체 누설틈새면적〔m²〕 A_1, A_2 : 각 실의 누설틈새면적〔m²〕
여기서, A : 전체 누설틈새면적〔m²〕 A_1, A_2 : 각 실의 누설틈새면적〔m²〕	

★
문제 13

특별피난계단의 부속실에 설치하는 제연설비에 관한 다음 물음에 답하시오. (16.4.문16)

(개) 옥내의 압력이 740mmHg일 때 화재시 부속실에 유지하여야 할 최소 압력은 절대압력으로 몇 kPa인지를 구하시오. (단, 옥내에 스프링클러설비가 설치되지 않은 경우이다.)

득점	배점
	4

  ○계산과정 :

  ○답 :

(내) 부속실만 단독으로 제연하는 방식이며 부속실이 면하는 옥내가 복도로서 그 구조가 방화구조이다. 제연구역에는 옥내와 면하는 2개의 출입문이 있으며 각 출입문의 크기는 가로 1m, 세로 2m이다. 이때 유입공기의 배출을 배출구에 따른 배출방식으로 할 경우 개폐기의 개구면적은 최소 몇 m²인지를 구하시오.

  ○계산과정 :

  ○답 :

 해답

(개) ○계산과정 : $\dfrac{740}{760} \times 101325 = 98658.55 \text{Pa}$

   $98658.55 + 40 = 98698.55 \text{Pa} = 98.69855 \text{kPa} ≒ 98.7 \text{kPa}$

  ○답 : 98.7kPa

(내) ○계산과정 : $Q_n = (1 \times 2) \times 0.5 = 1 \text{m}^3/\text{s}$

   $A_0 = \dfrac{1}{2.5} = 0.4 \text{m}^2$

  ○답 : 0.4m²

 해설

부속실에 유지하여야 할 최소압력 : 스프링클러설비가 설치되지 아니한 경우

부속실 최소압력=옥내압력(절대압력)+40Pa=740mmHg+40Pa

(개) **표준대기압**

1atm=760mmHg=1.0332kg$_f$/cm²
$\qquad\qquad$=10.332mH₂O(mAq)
$\qquad\qquad$=14.7PSI(lb$_f$/in²)
$\qquad\qquad$=101.325kPa(kN/m²)
$\qquad\qquad$=1013mbar

760mmHg=101.325kPa=101325Pa

절대압력 $740 \text{mmHg} = \dfrac{740 \text{mmHg}}{760 \text{mmHg}} \times 101325 \text{Pa} = 98658.55 \text{Pa}$

부속실 최소압력=옥내압력(절대압력)+차압
$\qquad\qquad$ $= 98658.55 \text{Pa} + 40 \text{Pa} = 98698.55 \text{Pa}$
$\qquad\qquad$ $= 98.69855 \text{kPa} ≒ 98.7 \text{kPa}$

• 문제에서 **kPa**로 구하라는 것에 주의!
• 1기압=760mmHg인데 옥내압력이 740mmHg라고 했으므로 740mmHg는 절대압력이다.
 – 특별피난계단의 계단실 및 부속실 제연설비의 화재안전기준(NFPC 501A 6조 ①항, NFTC 501A 2.3.1)
  제6조 차압 등
  ① 제연구역과 옥내와의 사이에 유지하여야 하는 최소차압은 **40Pa**(옥내에 **스프링클러설비**가 설치된 경우에는 **12.5Pa) 이상**으로 해야 한다.

중요

절대압

(1) **절**대압=**대**기압+**게**이지압(계기압)
(2) 절대압=대기압-진공압

기억법 **절대게**

(나) **특별피난계단**의 **계단실 및 부속실 제연설비 화재안전기준**(NFPC 501A, NFTC 501A)

배출구에 따른 배출방식 : NFPC 501A 15조, NFTC 501A 2.12.1.2

$$A_0 = \frac{Q_n}{2.5}$$

여기서, A_0 : 개폐기의 개구면적[m²]

Q_n : 수직풍도가 담당하는 1개층의 제연구역의 **출입문**(옥내와 면하는 출입문) **1개**의 **면적**[m²]과 **방연풍속**[m/s]을 **곱**한 값[m³/s]

- 문제에서 '배출구에 따른 배출방식'이므로 위 식 적용

방연풍속 : NFPC 501A 10조, NFTC 501A 2.7.1

제연구역		방연풍속
계단실 및 그 부속실을 동시에 제연하는 것 또는 계단실만 단독으로 제연하는 것		**0.5m/s** 이상
부속실만 단독으로 제연하는 것 또는 비상용 승강기의 승강장만 단독으로 제연하는 것	부속실 또는 승강장이 면하는 옥내가 거실인 경우	**0.7m/s** 이상
	부속실 또는 승강장이 면하는 옥내가 복도로서 그 구조가 방화구조(내화시간이 **30분** 이상인 구조 포함)인 것	➤ **0.5m/s** 이상

- 문제에서 '부속실만 단독 제연', '옥내가 복도로서 방화구조'이므로 위 표에서 **0.5m/s** 적용

$Q_n = (1 \times 2)m^2 \times 0.5m/s = 1m^3/s$

개폐기의 개구면적 $A_0 = \dfrac{Q_n}{2.5} = \dfrac{1m^3/s}{2.5} = 0.4m^2$

- 문제에서 2개의 출입문이 있지만 Q_n은 **출입문 1개**의 **면적**만 **적용**한다는 것을 특히 주의!

비교

수직풍도에 따른 배출 : 자연배출식(NFPC 501A 14조, NFTC 501A 2.11.1)

수직풍도 길이 100m 이하	수직풍도 길이 100m 초과
$$A_p = \frac{Q_n}{2}$$	$$A_p = \frac{Q_n}{2} \times 1.2$$
여기서, A_p : 수직풍도의 내부단면적[m²] Q_n : 수직풍도가 담당하는 1개층의 제연구역의 **출입문**(옥내와 면하는 출입문) **1개**의 **면적**[m²]과 **방연풍속**[m/s]을 **곱**한 값[m³/s]	여기서, A_p : 수직풍도의 내부단면적[m²] Q_n : 수직풍도가 담당하는 1개층의 제연구역의 **출입문**(옥내와 면하는 출입문) **1개**의 **면적**[m²]과 **방연풍속**[m/s]을 **곱**한 값[m³/s]

★★★
문제 14

가로 10m, 세로 15m, 높이 5m인 발전기실에 할로겐화합물 및 불활성기체 소화약제 중 IG-541을 사용할 경우 조건을 참고하여 다음 각 물음에 답하시오.

(19.6.문9, 19.4.문8, 18.6.문3, 17.6.문1, 14.4.문2, 13.11.문13, 13.4.문2)

〔조건〕

득점	배점
	6

① IG-541의 소화농도는 23%이다.

② IG-541의 저장용기는 80L용을 적용하며, 충전압력은 15MPa(게이지압력)이다.

③ 소화약제량 산정시 선형 상수를 이용하도록 하며 방사시 기준온도는 15℃이다.

소화약제	K_1	K_2
IG-541	0.65799	0.00239

④ 발전기실은 전기화재에 해당한다.

(가) IG-541의 저장량은 몇 m³인지 구하시오.

　ㅇ계산과정 :

　ㅇ답 :

(나) IG-541의 저장용기수는 최소 몇 병인지 구하시오.

　ㅇ계산과정 :

　ㅇ답 :

(다) 배관구경 산정조건에 따라 IG-541의 약제량 방사시 유량은 몇 m³/s인지 구하시오.

　ㅇ계산과정 :

　ㅇ답 :

해답

(가) ㅇ계산과정 : $S = 0.65799 + 0.00239 \times 15 = 0.69384 \text{m}^3/\text{kg}$

$V_s = 0.65799 + 0.00239 \times 20 = 0.70579 \text{m}^3/\text{kg}$

$X = 2.303 \left(\dfrac{0.70579}{0.69384} \right) \times \log_{10} \left[\dfrac{100}{100 - 27.6} \right] \times (10 \times 15 \times 5) = 246.439 ≒ 246.44 \text{m}^3$

ㅇ답 : 246.44m³

(나) ㅇ계산과정 : $\dfrac{0.101325 + 15}{0.101325} \times 0.08 = 11.923 \text{m}^3$

$\dfrac{246.44}{11.923} = 20.66 ≒ 21$병

ㅇ답 : 21병

(다) ㅇ계산과정 : $X_{95} = 2.303 \left(\dfrac{0.70579}{0.69384} \right) \times \log_{10} \left[\dfrac{100}{(100 - 27.6 \times 0.95)} \times (10 \times 15 \times 5) \right] = 232.031 \text{m}^3$

$\dfrac{232.031}{120} = 1.933 ≒ 1.93 \text{m}^3/\text{s}$

ㅇ답 : 1.93m³/s

해설 **소화약제량(저장량)의 산정**(NFPC 107A 4 · 7조, NFTC 107A 2.1.1, 2.4.1)

구 분	할로겐화합물 소화약제	불활성기체 소화약제
종류	• FC-3-1-10 • HCFC BLEND A • HCFC-124 • HFC-125 • HFC-227ea • HFC-23 • HFC-236fa • FIC-13I1 • FK-5-1-12	• IG-01 • IG-100 • **IG-541** • IG-55
공식	$$W = \frac{V}{S} \times \left(\frac{C}{100-C} \right)$$ 여기서, W : 소화약제의 무게[kg] V : 방호구역의 체적[m³] S : 소화약제별 선형 상수$(K_1 + K_2 t)$[m³/kg] K_1, K_2 : 선형 상수 t : 방호구역의 최소 예상온도[℃] C : 체적에 따른 소화약제의 설계농도[%]	$$X = 2.303 \left(\frac{V_s}{S} \right) \times \log_{10} \left[\frac{100}{(100-C)} \right] \times V$$ 여기서, X : 소화약제의 부피[m³] V_s : 20℃에서 소화약제의 비체적 $\quad (K_1 + K_2 \times 20℃)$[m³/kg] S : 소화약제별 선형 상수$(K_1 + K_2 t)$[m³/kg] K_1, K_2 : 선형 상수 t : 방호구역의 최소 예상온도[℃] C : 체적에 따른 소화약제의 설계농도[%] V : 방호구역의 체적[m³]

불활성기체 소화약제

(가) 소화약제별 선형 상수 S는

$$S = K_1 + K_2 t = 0.65799 + 0.00239 \times 15℃ = 0.69384 \text{m}^3/\text{kg}$$

20℃에서 소화약제의 비체적 V_s는

$$V_s = K_1 + K_2 \times 20℃ = 0.65799 + 0.00239 \times 20℃ = 0.70579 \text{m}^3/\text{kg}$$

• IG-541의 $K_1 = 0.65799$, $K_2 = 0.00239$: [조건 ③]에서 주어진 값
• t(15℃) : [조건 ③]에서 주어진 값

IG-541의 저장량 X는

$$X = 2.303 \left(\frac{V_s}{S} \right) \times \log_{10} \left[\frac{100}{(100-C)} \right] \times V$$

$$= 2.303 \left(\frac{0.70579 \text{m}^3/\text{kg}}{0.69384 \text{m}^3/\text{kg}} \right) \times \log_{10} \left[\frac{100}{100-27.6} \right] \times (10 \times 15 \times 5) \text{m}^3 = 246.439 ≒ 246.44 \text{m}^3$$

• IG-541 : **불활성기체 소화약제**
• 발전기실 : **C급 화재**([조건 ④]에서 주어짐)
• 설계농도[%]=소화농도[%]×안전계수(A · C급 : 1.2, B급 : 1.3)
  =23%×1.2
  =27.6%

(나) 충전압력(절대압)=대기압＋게이지압=0.101325MPa＋15MPa

- 0.101325MPa : 특별한 조건이 없으므로 **표준대기압** 적용
- 15MPa : 〔조건 ②〕에서 주어진 값
- **절대압**
  (1) **절**대압＝**대**기압＋**게**이지압(계기압)
  (2) 절대압＝대기압－진공압

  > **기억법** 절대게

- 표준대기압
  $$1atm = 760mmHg = 1.0332kg_f/cm^2$$
  $$= 10.332mH_2O(mAq) = 10.332m$$
  $$= 14.7PSI(lb_f/in^2)$$
  $$= 101.325kPa(kN/m^2) = 0.101325MPa$$
  $$= 1013mbar$$

$$1병당 저장량[m^3] = 내용적[L] \times \frac{충전압력[kPa]}{표준대기압(101.325kPa)}$$
$$= 80L \times \frac{(0.101325 + 15)MPa}{0.101325MPa}$$
$$= 0.08m^3 \times \frac{(0.101325 + 15)MPa}{0.101325MPa}$$
$$= 11.923m^3$$

- **80L** : 〔조건 ②〕에서 주어진 값(1000L=1m³이므로 80L=0.08m³)
- (0.101325+15)MPa=바로 위에서 구한 값

$$용기수 = \frac{저장량[m^3]}{1병당 저장량[m^3]} = \frac{246.44m^3}{11.923m^3} = 20.66 ≒ 21병$$

- **246.44m³** : ㈎에서 구한 값
- 11.923m³ : 바로 위에서 구한 값

(다) $$X_{95} = 2.303\left(\frac{V_s}{S}\right) \times \log_{10}\left[\frac{100}{100 - (C \times 0.95)}\right] \times V$$
$$= 2.303\left(\frac{0.70579m^3/kg}{0.69384m^3/kg}\right) \times \log_{10}\left[\frac{100}{100 - (27.6 \times 0.95)}\right] \times (10 \times 15 \times 5)m^3 = 232.031m^3$$

$$약제량 방사시 유량[m^3/s] = \frac{232.031m^3}{10s(불활성기체 소화약제 : AC급 화재 120s, B급 화재 60s)}$$
$$= \frac{232.031m^3}{120s} = 1.933 ≒ 1.93m^3/s$$

- 배관의 구경은 해당 방호구역에 할로겐화합물 소화약제가 **10초(불활성기체 소화약제**는 **AC급 화재 120s, B급 화재 60s)** 이내에 방호구역 각 부분에 최소 설계농도의 **95% 이상** 해당하는 약제량이 방출되도록 해야 한다(NFPC 107A 10조, NFTC 107A 2.7.3). 그러므로 설계농도 27.6%에 0.95 곱함
- 바로 위 기준에 의해 **0.95**(95%) 및 〔조건 ④〕에 따라 전기화재(C급 화재)이므로 **120s** 적용

문제 15 ★★★

35층의 복합건축물에 옥내소화전설비와 옥외소화전설비를 설치하려고 한다. 조건을 참고하여 다음 각 물음에 답하시오.

득점	배점
	10

〔조건〕

① 옥내소화전은 지상 1층과 2층에는 각각 10개, 지상 3층~25층은 각 층당 2개씩 설치한다.
② 옥외소화전은 5개를 설치한다.
③ 옥내소화전설비와 옥외소화전설비의 펌프는 겸용으로 사용한다.
④ 옥내소화전설비의 호스 마찰손실압은 0.1MPa, 배관 및 관부속의 마찰손실압은 0.05MPa, 실양정 환산수두압력은 0.4MPa이다.
⑤ 옥외소화전설비의 호스 마찰손실압은 0.15MPa, 배관 및 관부속의 마찰손실압은 0.04MPa, 실양정 환산수두압력은 0.5MPa이다.

(가) 옥내소화전설비의 최소토출량[L/min]을 구하시오.
　ㅇ계산과정 :
　ㅇ답 :

(나) 옥외소화전설비의 최소토출량[L/min]을 구하시오.
　ㅇ계산과정 :
　ㅇ답 :

(다) 펌프의 최소저수량[m³]을 구하시오. (단, 옥상수조는 제외한다.)
　ㅇ계산과정 :
　ㅇ답 :

(라) 펌프의 최소토출압[MPa]을 구하시오.
　ㅇ계산과정 :
　ㅇ답 :

해답
(가) ㅇ계산과정 : $5 \times 130 = 650$L/min
　　ㅇ답 : 650L/min
(나) ㅇ계산과정 : $2 \times 350 = 700$L/min
　　ㅇ답 : 700L/min
(다) ㅇ계산과정 : $Q_1 = 5.2 \times 5 = 26$m³
　　　　　　　$Q_2 = 7 \times 2 = 14$m³
　　　　　　　$Q = Q_1 + Q_2 = 26 + 14 = 40$m³
　　ㅇ답 : 40m³
(라) ㅇ계산과정 : 옥내소화전 $= 0.1 + 0.05 + 0.4 + 0.17 = 0.72$MPa
　　　　　　　옥외소화전 $= 0.15 + 0.04 + 0.5 + 0.25 = 0.94$MPa
　　ㅇ답 : 0.94MPa

해설 (가) **토출량**

$$Q = N \times 130$$

여기서, Q : 가압송수장치의 토출량[L/min]
　　　　N : 가장 많은 층의 소화전개수(30층 미만 : 최대 **2개**, 30층 이상 : 최대 **5개**)
가압송수장치의 토출량 Q는
$Q = N \times 130$L/min $= 5 \times 130$L/min $= 650$L/min 　　∴ 최소토출량=650L/min

- 문제에서 **30층 이상**이므로 N=**최대 5개** 적용
- [조건 ①]에서 가장 많은 층의 옥내소화전개수는 10개이지만 N=5개

(나) 옥외소화전설비 유량

$$Q = N \times 350$$

여기서, Q : 가압송수장치의 토출량(유량)(L/min)

N : 옥외소화전 설치개수(**최대 2개**)

가압송수장치의 **토출량** Q_2는

$Q_2 = N_2 \times 350 = 2 \times 350 = 700 \text{L/min}$

- [조건 ②]에서 5개지만 N=**최대 2개** 적용

(다) 옥내소화전설비의 수원저수량

$$Q = 2.6N(30층 \text{ 미만}, \ N: 최대 \ 2개)$$
$$\mathbf{Q = 5.2N(30\sim49층 \ 이하, \ N: 최대 \ 5개)}$$
$$Q = 7.8N(50층 \text{ 이상}, \ N: 최대 \ 5개)$$

여기서, Q : 수원의 저수량[m³]

N : 가장 많은 층의 소화전개수

수원의 **저수량** $Q_1 = 5.2N = 5.2 \times 5 = 26\text{m}^3$

- **최소유효저수량**을 구하라고 하였으므로 35층으로 30~49층 이하이므로 $\boldsymbol{Q = 5.2N}$을 적용한다.
- '옥상수조'라고 주어졌다면 다음과 같이 계산하여야 한다.

옥상수원의 저수량

$$Q = 2.6N \times \frac{1}{3}(30층 \text{ 미만}, \ N: 최대 \ 2개)$$

$$Q = 5.2N \times \frac{1}{3}(30\sim49층 \ 이하, \ N: 최대 \ 5개)$$

$$Q = 7.8N \times \frac{1}{3}(50층 \ 이상, \ N: 최대 \ 5개)$$

여기서, Q : 수원의 저수량[m³]

N : 가장 많은 층의 소화전개수

옥상수원의 저수량 $Q = 5.2N \times \dfrac{1}{3} = 5.2 \times 5 \times \dfrac{1}{3} = 8.667 ≒ \mathbf{8.67\text{m}^3}$

옥외소화전 수원의 저수량

$$Q = 7N$$

여기서, Q : 옥외소화전 수원의 저수량[m³]

N : 옥외소화전개수(**최대 2개**)

수원의 **저수량** Q는

$Q_2 = 7N = 7 \times 2 = 14\text{m}^3$

- 옥외소화전은 층수에 관계없이 최대 **2개** 적용

$\therefore \ Q = Q_1 + Q_2 = 26\text{m}^3 + 14\text{m}^3 = 40\text{m}^3$

- 펌프의 최소저수량은 두 설비의 저수량을 **더한 값**을 적용한다.

하나의 펌프에 두 개의 설비가 함께 연결된 경우

구 분	적 용
펌프의 전양정	두 설비의 전양정 중 **큰 값**
펌프의 유량(토출량)	두 설비의 유량(토출량)을 **더한 값**
펌프의 토출압력	두 설비의 토출압력 중 **큰 값**
수원의 저수량　→	두 설비의 저수량을 **더한 값**

⒭ **방수량**

옥내소화전설비의 **토출압력**

$$P = P_1 + P_2 + P_3 + 0.17$$

여기서, P : 필요한 압력(토출압력)〔MPa〕
　　　P_1 : 소방호스의 마찰손실수두압〔MPa〕
　　　P_2 : 배관 및 관부속품의 마찰손실수두압〔MPa〕
　　　P_3 : 낙차의 환산수두압〔MPa〕

펌프의 **토출압력** P는
$P = P_1 + P_2 + P_3 + 0.17 = 0.1\text{MPa} + 0.05\text{MPa} + 0.4\text{MPa} + 0.17 = 0.72\text{MPa}$

- 0.1MPa, 0.05MPa, 0.4MPa : 〔조건 ④〕에서 주어진 값

옥외소화전설비의 **토출압력**

$$P = P_1 + P_2 + P_3 + 0.25$$

여기서, P : 필요한 압력〔MPa〕
　　　P_1 : 소방용 호스의 마찰손실수두압〔MPa〕
　　　P_2 : 배관의 마찰손실수두압〔MPa〕
　　　P_3 : 낙차의 환산수두압〔MPa〕

펌프의 **토출압력** P는
$P = P_1 + P_2 + P_3 + 0.25 = 0.15\text{MPa} + 0.04\text{MPa} + 0.5\text{MPa} + 0.25 = 0.94\text{MPa}$

- 0.15MPa, 0.04MPa, 0.5MPa : 〔조건 ⑤〕에서 주어진 값
- 펌프의 최소토출압은 두 설비의 토출입력 중 **큰 값**을 적용한다.

하나의 펌프에 두 개의 설비가 함께 연결된 경우

구 분	적 용
펌프의 전양정	두 설비의 전양정 중 **큰 값**
펌프의 유량(토출량)	두 설비의 유량(토출량)을 **더한 값**
펌프의 토출압력　→	두 설비의 토출압력 중 **큰 값**
수원의 저수량	두 설비의 저수량을 **더한 값**

★★★
문제 16

인화점이 10℃인 제4류 위험물(비수용성)을 저장하는 옥외저장탱크가 있다. 조건을 참고하여 다음 각 물음에 답하시오.

득점	배점
	8

〔조건〕

① 탱크형태 : 플루팅루프탱크(탱크 내면과 굽도리판의 간격 : 0.3m)

② 탱크의 크기 및 수량 : (직경 15m, 높이 15m) 1기, (직경 10m, 높이 10m) 1기

③ 옥외보조포소화진 : 지상식 단구형 2개

④ 포소화약제의 종류 및 농도 : 수성막포 3%

⑤ 송액관의 직경 및 길이 : 50m(80mm로 적용), 50m(100mm로 적용)

⑥ 탱크 2대에서의 동시 화재는 없는 것으로 간주한다.

⑦ 탱크직경과 포방출구의 종류에 따른 포방출구의 개수는 다음과 같다.

‖ 옥외탱크저장소의 고정포방출구 ‖

탱크의 구조 및 포방출구의 종류 탱크직경	포방출구의 개수		부상덮개부착 고정지붕구조	부상지붕구조
	고정지붕구조			
	Ⅰ형 또는 Ⅱ형	Ⅲ형 또는 Ⅳ형	Ⅱ형	특형
13m 미만	2		2	2
13m 이상 19m 미만		1	3	3
19m 이상 24m 미만			4	4
24m 이상 35m 미만		2	5	5
35m 이상 42m 미만	3	3	6	6
42m 이상 46m 미만	4	4	7	7
46m 이상 53m 미만	6	6	8	8
53m 이상 60m 미만	8	8	10	10
60m 이상 67m 미만	왼쪽란에 해당하는 직경의 탱크에는 Ⅰ형 또는 Ⅱ형의 포방출구를 8개 설치하는 것 외에, 오른쪽란에 표시한 직경에 따른 포방출구의 수에서 8을 뺀 수의 Ⅲ형 또는 Ⅳ형의 포방출구를 폭 30m의 환상부분을 제외한 중심부의 액표면에 방출할 수 있도록 추가로 설치할 것	10		10
67m 이상 73m 미만		12		12
73m 이상 79m 미만		14		
79m 이상 85m 미만		16		14
85m 이상 90m 미만		18		
90m 이상 95m 미만		20		16
95m 이상 99m 미만		22		
99m 이상		24		18

⑧ 고정포방출구의 방출량 및 방사시간

위험물의 구분 \ 포방출구의 종류	Ⅰ형 포수 용액량 [L/m²]	Ⅰ형 방출률 [L/m² · min]	Ⅱ형 포수 용액량 [L/m²]	Ⅱ형 방출률 [L/m² · min]	특 형 포수 용액량 [L/m²]	특 형 방출률 [L/m² · min]	Ⅲ형 포수 용액량 [L/m²]	Ⅲ형 방출률 [L/m² · min]	Ⅳ형 포수 용액량 [L/m²]	Ⅳ형 방출률 [L/m² · min]
제4류 위험물 중 인화점이 21℃ 미만인 것	120	4	120	4	240	8	220	4	220	4
제4류 위험물 중 인화점이 21℃ 이상 70℃ 미만인 것	80	4	120	4	160	8	120	4	120	4
제4류 위험물 중 인화점이 70℃ 이상인 것	60	4	100	4	120	8	100	4	100	4

(가) 포방출구의 종류와 포방출구의 개수를 구하시오.

　① 포방출구의 종류 :

　② 포방출구의 개수 :

(나) 각 탱크에 필요한 포수용액의 양[L/min]을 구하시오.

　① 직경 15m 탱크

　　ㅇ 계산과정 :

　　ㅇ 답 :

　② 직경 10m 탱크

　　ㅇ 계산과정 :

　　ㅇ 답 :

　③ 옥외보조포소화전

　　ㅇ 계산과정 :

　　ㅇ 답 :

(다) 포소화설비에 필요한 포소화약제의 총량[L]을 구하시오.

　ㅇ 계산과정 :

　ㅇ 답 :

해답 (가) ① 포방출구의 종류 : 특형방출구

　　② 포방출구의 개수 : 직경 15m 탱크 3개

　　　　　　　　　　　 직경 10m 탱크 2개

　(나) ① 직경 15m 탱크

　　　ㅇ 계산과정 : $Q = \dfrac{\pi}{4} \times (15^2 - 14.4^2) \times 8 \times 1 = 110.835 ≒ 110.84\text{L/min}$

　　　ㅇ 답 : 110.84L/min

　　② 직경 10m 탱크

　　　ㅇ 계산과정 : $Q = \dfrac{\pi}{4} \times (10^2 - 9.4^2) \times 8 \times 1 = 73.136 ≒ 73.14\text{L/min}$

　　　ㅇ 답 : 73.14L/min

③ 옥외보조포소화전
  ○ 계산과정 : $2 \times 1 \times 400 = 800L/min$
  ○ 답 : 800L/min

(다) ○ 계산과정 : $Q_1 = \dfrac{\pi}{4} \times (15^2 - 14.4^2) \times 8 \times 30 \times 0.03 = 99.751L$

$Q_2 = 2 \times 0.03 \times 8000 = 480L$

$Q_3 = \left(\dfrac{\pi}{4} \times 0.08^2 \times 50 \times 0.03 \times 1000\right) + \left(\dfrac{\pi}{4} \times 0.1^2 \times 50 \times 0.03 \times 1000\right) = 19.32L$

$\therefore\ Q = 99.751 + 480 + 19.32 = 599.071 ≒ 599.07L$

○ 답 : 599.07L

해설

• [조건 ①]에서 **플루팅루프탱크**이므로 아래 표에서 **특형** 방출구 선택

(가) ① **휘발유탱크**의 **약제소요량**

‖ 포방출구(위험물기준 133) ‖

탱크의 종류	포방출구
고정지붕구조(콘루프탱크)	• Ⅰ형 방출구 • Ⅱ형 방출구 • Ⅲ형 방출구(표면하 주입방식) • Ⅳ형 방출구(반표면하 주입방식)
부상덮개부착 고정지붕구조	• Ⅱ형 방출구
부상지붕구조(플루팅루프탱크) →	• 특형 방출구

②

탱크의 구조 및 포방출구의 종류 / 탱크직경	포방출구의 개수			
	고정지붕구조		부상덮개부착 고정지붕구조	부상지붕구조
	Ⅰ형 또는 Ⅱ형	Ⅲ형 또는 Ⅳ형	Ⅱ형	특형
13m 미만			2	→ 2
13m 이상 19m 미만	2	1	3	→ 3
19m 이상 24m 미만			4	4
24m 이상 35m 미만		2	5	5
35m 이상 42m 미만	3	3	6	6
42m 이상 46m 미만	4	4	7	7
46m 이상 53m 미만	6	6	8	8
53m 이상 60m 미만	8	8	10	10
60m 이상 67m 미만	왼쪽란에 해당하는 직경의 탱크에는 Ⅰ형 또는 Ⅱ형의 포방출구를 8개 설치하는 것 외에, 오른쪽란에 표시한 직경에 따른 포방출구의 수에서 8을 뺀 수의 Ⅲ형 또는 Ⅳ형의 포방출구를 폭 30m의 환상부분을 제외한 중심부의 액표면에 방출할 수 있도록 추가로 설치할 것	10		
67m 이상 73m 미만		12		12
73m 이상 79m 미만		14		
79m 이상 85m 미만		16		14
85m 이상 90m 미만		18		
90m 이상 95m 미만		20		16
95m 이상 99m 미만		22		
99m 이상		24		18

[조건 ①, ②] 직경이 **15m**로서 **13m 이상 19m 미만**이고 플루팅루프탱크의 포방출구는 **특형**이므로 위 표에서 포방출구수는 **3개**이고, [조건 ①, ②]에서 직경이 **10m**로서 **13m 미만**이고 포방출구는 **특형**이므로 포방출구수는 **2개**이다.

참고

포소화약제의 저장량

(1) 고정포방출구방식

고정포방출구	보조포소화전(옥외보조포소화전)	배관보정량
$Q = A \times Q_1 \times T \times S$	$Q = N \times S \times 8000$	$Q = A \times L \times S \times 1000\text{L/m}^3$ (내경 75mm 초과시에만 적용)
여기서, Q : 포소화약제의 양[L] A : 탱크의 액표면적[m²] Q_1 : 단위 포소화수용액의 양[L/m²분] T : 방출시간(방사시간)[분] S : 포소화약제의 사용농도	여기서, Q : 포소화약제의 양[L] N : 호스접결구수(**최대 3개**) S : 포소화약제의 사용농도	여기서, Q : 배관보정량[L] A : 배관단면적[m²] L : 배관길이[m] S : 포소화약제의 사용농도

(2) **옥내포소화전방식** 또는 **호스릴방식**

$$Q = N \times S \times 6000(\text{바닥면적 } 200\text{m}^2 \text{ 미만은 } 75\%)$$

여기서, Q : 포소화약제의 양[L]
N : 호스접결구수(**최대 5개**)
S : 포소화약제의 사용농도

(나) **펌프**의 유량
고정포방출구 유량

$$Q_1 = AQS \qquad \text{또는} \qquad Q_1{}' = AQTS$$

여기서, Q_1 : 고정포방출구 유량[L/min]
$Q_1{}'$: 고정포방출구 양[L]
A : 탱크의 액표면적[m²]
Q : 단위 포소화수용액의 양[L/m²분]
T : 방사시간[분]
S : 포수용액 농도($S = 1$)

• 펌프동력을 구할 때는 포수용액을 기준으로 하므로 $S = 1$
• 문제에서 포수용액의 양(유량)의 단위가 **L/min**이므로 $Q_1 = AQTS$에서 방사시간 T를 제외한 $Q_1 = AQS$식 적용

배관보정량

$$Q = A \times L \times S \times 1000\text{L/m}^3(\text{안지름 75mm 초과시에만 적용})$$

여기서, Q : 배관보정량[L]
A : 배관단면적[m²]
L : 배관길이[m]
S : 사용농도

① **직경 15m**
고정포방출구의 수용액 Q_1은
$Q_1 = A \times Q \times S$

$= \dfrac{\pi}{4}(15^2 - 14.4^2)\text{m}^2 \times 8\text{L/m}^2 \cdot \text{min} \times 1$

$= 110.835 ≒ 110.84\text{L/min}$

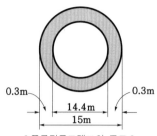

∥ 플루팅루프탱크의 구조 ∥

- **A**(탱크의 액표면적) : 탱크표면의 표면적만 고려하여야 하므로 〔조건 ①〕에서 굽도리판과 탱크벽과의 간격 **0.3m**를 적용하여 그림에서 색칠된 부분만 고려하여 $\frac{\pi}{4}(15^2 - 14.4^2)\text{m}^2$로 계산하여야 한다. 꼭 기억해 두어야 할 사항은 굽도리판과 탱크벽과의 간격을 적용하는 것은 **플루팅루프탱크**의 경우에만 한한다는 것이다.

- **Q**(수용액의 분당 방출량 **8L/m^2 · min**) : **특형**방출구를 사용하며, 인화점이 10℃인 제4류 위험물로서 〔조건 ⑧〕에 의해 인화점이 21℃ 미만인 것에 해당하므로 8L/m^2 · min

포방출구의 종류 위험물의 구분	Ⅰ형		Ⅱ형		특 형	
	포수용액량 [L/m^2]	방출률 [L/m^2 · min]	포수용액량 [L/m^2]	방출률 [L/m^2 · min]	포수용액량 [L/m^2]	방출률 [L/m^2 · min]
제4류 위험물 중 인화점이 21℃ 미만인 것	120	4	120	4	240	8

② **직경 10m**

고정포방출구의 **수용액** Q_1은

$$Q_1 = A \times Q \times S = \frac{\pi}{4}(10^2 - 9.4^2)\text{m}^2 \times 8\text{L/m}^2 \cdot \text{min} \times 1 = 73.136 ≒ 73.14\text{L}$$

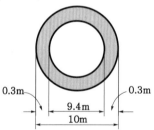

∥ 플루팅루프탱크의 구조 ∥

- **A**(탱크의 액표면적) : 탱크표면의 표면적만 고려하여야 하므로 〔조건 ①〕에서 굽도리판과 탱크벽과의 간격 **0.3m**를 적용하여 그림에서 색칠된 부분만 고려하여 $\frac{\pi}{4}(10^2 - 9.4^2)\text{m}^2$로 계산하여야 한다. 꼭 기억해 두어야 할 사항은 굽도리판과 탱크벽과의 간격을 적용하는 것은 **플루팅루프탱크**의 경우에만 한한다는 것이다.

- **Q**(수용액의 분당 방출량 **8L/m^2 · min**) : 〔조건 ⑧〕에서 주어진 값

포방출구의 종류 위험물의 구분	Ⅰ형		Ⅱ형		특 형	
	포수용액량 [L/m^2]	방출률 [L/m^2 · min]	포수용액량 [L/m^2]	방출률 [L/m^2 · min]	포수용액량 [L/m^2]	방출률 [L/m^2 · min]
제4류 위험물 중 인화점이 21℃ 미만인 것	120	4	120	4	240	8

③ **옥외보조포소화전**

$$Q_2 = N \times S \times 400 \qquad \text{또는} \qquad Q_2{}' = N \times S \times 8000$$

여기서, Q_2 : 수용액 · 수원 · 약제량〔L/min〕

$\qquad Q_2{}'$: 수용액 · 수원 · 약제량〔L〕

$\qquad N$: 호스접결구수(**최대 3개**)

$\qquad S$: 사용농도

- 보조포소화전의 방사량(방출률)이 400L/min이므로 400L/min×20min=8000L가 되므로 위의 두 식은 같은 식

옥외보조포소화전의 **방사량** Q_2 는

$$Q_2 = N \times S \times 400 = 2 \times 1 \times 400 = 800\text{L/min}$$

- $N(2)$: 〔조건 ③〕에서 **2개**
- $S(1)$: 수용액량이므로 항상 1

비교

(1) **보조포소화전**(옥외보조포소화전)

$$Q = N \times S \times 8000$$

여기서, Q : 포소화약제의 양〔L〕

$\qquad N$: 호스접결구수(최대 **3개**)

$\qquad S$: 포소화약제의 사용농도

(2) **옥내포소화전방식** 또는 **호스릴방식**

$$Q = N \times S \times 6000(\text{바닥면적 } 200\text{m}^2 \text{ 미만은 } 75\%)$$

여기서, Q : 포소화약제의 양〔L〕

$\qquad N$: 호스접결구수(최대 **5개**)

$\qquad S$: 포소화약제의 사용농도

(다) ① **고정포방출구**의 **포소화약제의 양** Q_1 은

$$Q_1 = A \times Q \times T \times S$$

$$= \frac{\pi}{4}(15^2 - 14.4^2)\text{m}^2 \times 8\text{L/m}^2 \cdot \text{min} \times 30\text{min} \times 0.03 = 99.751 ≒ 99.75\text{L}$$

- **8L/m² · min** : 문제에서 인화점 10℃, 〔조건 ①〕에서 플루팅루프탱크(특형)이므로 〔조건 ⑧〕에서 8L/m² · min

위험물의 구분 \ 포방출구의 종류	Ⅰ 형		Ⅱ 형		특 형	
	포수용액량 〔L/m²〕	방출률 〔L/m² · min〕	포수용액량 〔L/m²〕	방출률 〔L/m² · min〕	포수용액량 〔L/m²〕	방출률 〔L/m² · min〕
제4류 위험물 중 인화점이 21℃ 미만인 것	120	4	120	4	240	8

- **30min** : $T = \dfrac{\text{포수용액량〔L/m}^2\text{〕}}{\text{방출률〔L/m}^2 \cdot \text{min〕}} = \dfrac{240\text{L/m}^2}{8\text{L/m}^2 \cdot \text{min}} = 30\text{min}$

- $S(0.03)$: 〔조건 ④〕에서 3%용이므로 약제농도(S)는 **3%=0.03**

② **옥외보조포소화전**의 **포소화약제의 양** Q_2 는

$$Q_2 = N \times S \times 8000$$

$$= 2 \times 0.03 \times 8000\text{min} = 480\text{L}$$

- $S(0.03)$: 〔조건 ④〕에서 3%용이므로 약제농도(S)는 **3%=0.03**이 된다.

③ **배관보정량** Q_3은

$$Q_3 = A \times L \times S \times 1000\text{L/m}^3 \text{(안지름 75mm 초과시에만 적용)}$$
$$= \left(\frac{\pi}{4} \times (0.08\text{m})^2 \times 50\text{m} \times 0.03 \times 1000\text{L/m}^3 \right) + \left(\frac{\pi}{4} \times (0.1\text{m})^2 \times 50\text{m} \times 0.03 \times 1000\text{L/m}^3 \right)$$
$$= 19.32\text{L}$$

- $S(0.03)$: 〔조건 ④〕에서 3%용이므로 약제농도(S)는 **3%=0.03**이 된다.
- L(송액관 길이 **50m**) : 〔조건 ⑤〕에서 주어진 값
- 〔조건 ⑤〕에서 안지름 80mm, 100mm로서 모두 75mm를 초과하므로 두 배관 모두 배관보정량 적용

$\therefore$ 수원의 양 $Q = Q_1 + Q_2 + Q_3$
$$= 99.75\text{L} + 480\text{L} + 19.32\text{L}$$
$$= 599.07\text{L}$$

- 0.08m : 〔조건 ⑤〕에서 80mm=0.08m(1000mm=1m)
- 50m : 〔조건 ⑤〕에서 주어진 값
- 0.03 : 〔조건 ④〕에서 3%=0.03
- 0.1m : 〔조건 ⑤〕에서 100mm=0.1m(1000mm=1m)
- 50m : 〔조건 ⑤〕에서 주어진 값

66 빨리가려면 혼자가고, 멀리가려면 같이가라 99

– 아프리카 속담 –

2023년 기사 제4회 필답형 실기시험		수험번호	성명	감독위원 확 인
자격종목 소방설비기사(기계분야)	**시험시간** 3시간	형별		

※ 다음 물음에 답을 해당 답란에 답하시오.(배점 : 100)

☆ 문제 **01**

할로겐화합물 및 불활성기체 소화설비에서 할로겐화합물 및 불활성기체 소화약제의 저장용기의 기준에 관한 설명이다. 다음 (   ) 안에 알맞은 내용을 보기에서 골라서 쓰시오. (19.11.문5, 16.4.문8, 13.7.문5)

득점	배점
	3

〔보기〕   5   10   15   할로겐화합물   불활성기체

○ 저장용기의 약제량 손실이 (①)%를 초과하거나 압력손실이 (②)%를 초과할 경우에는
재충전하거나 저장용기를 교체할 것. 다만, (③) 소화약제 저장용기의 경우에는 압력손실
이 (④)%를 초과할 경우 재충전하거나 저장용기를 교체하여야 한다.

해답 ① 5   ② 10   ③ 불활성기체   ④ 5

해설 **할로겐화합물 및 불활성기체 소화약제**의 **저장용기 적합기준**(NFPC 107A 6조, NFTC 107A 2.3.2)
(1) 저장용기는 약제명 · 저장용기의 자체중량과 총중량 · 충전일시 · 충전압력 및 약제의 체적을 표시할 것
(2) 동일 집합관에 접속되는 저장용기는 **동일한 내용적**을 가진 것으로 **충전량** 및 **충전압력**이 같도록 할 것
(3) 저장용기에 충전량 및 충전압력을 확인할 수 있는 장치를 하는 경우에는 해당 소화약제에 적합한 구조로 할 것
(4) 저장용기의 **약제량 손실**이 **5%**를 초과하거나 **압력손실**이 **10%**를 초과할 경우에는 재충전하거나 저장용기를 교체할 것. (단, **불활성기체 소화약제** 저장용기의 경우에는 **압력손실**이 **5%**를 초과할 경우 재충전하거나 저장용기 교체)

☆ 문제 **02**

개방형 스프링클러설비에 대한 말단 가지배관의 헤드설치 도면 및 조건을 참고하여 ⓐ에서 ⓓ 점 헤드의 각 유량 및 펌프토출량을 구하시오. (19.6.문2, 10.7.문6)

득점	배점
	8

〔조건〕
① 헤드설치 도면

> **유사문제부터 풀어보세요.**
> **실력이 팍!팍! 올라갑니다.**

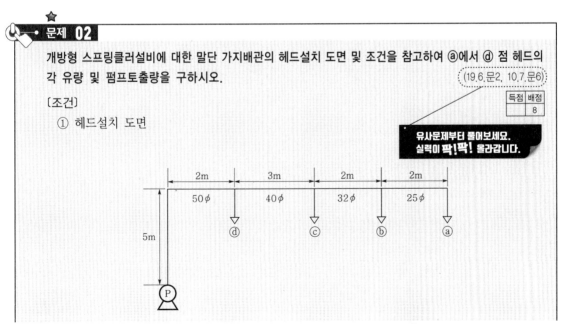

② 호칭지름에 따른 안지름은 아래와 같다.

호칭지름(ϕ)	25	32	40	50
안지름[mm]	28	36	42	53

③ ⓓ의 최종헤드 방사압력은 0.1MPa, 방수량은 100L/min이고, 방출계수 K는 100이다.

④ 다음과 같은 하젠-윌리엄스식에 따른다.

$$\Delta P = 6.053 \times 10^4 \times \frac{Q^2}{C^2 \times D^5}$$

여기서, ΔP : 배관이 압력손실[MPa]

D : 관의 안지름[mm]

Q : 관의 유량[L/min]

C : 조도계수(100)

⑤ 조건이 주어지지 않은 사항은 무시한다.

(가) 헤드 ⓑ 방수량[L/min]

ㅇ계산과정 :

ㅇ답 :

(나) 헤드 ⓒ 방수량[L/min]

ㅇ계산과정 :

ㅇ답 :

(다) 헤드 ⓓ 방수량[L/min]

ㅇ계산과정 :

ㅇ답 :

(라) 펌프토출량[L/min]

ㅇ계산과정 :

ㅇ답 :

 해답

(가) ㅇ계산과정 : $6.053 \times 10^4 \times \frac{100^2}{100^2 \times 28^5} \times 2 = 7.034 \times 10^{-3}\text{MPa} \fallingdotseq 0.007\text{MPa}$

$Q = 100\sqrt{10 \times (0.1 + 0.007)} = 103.44\text{L/min}$

ㅇ답 : 103.44L/min

(나) ㅇ계산과정 : $6.053 \times 10^4 \times \frac{103.44^2}{100^2 \times 36^5} \times 2 = 2.142 \times 10^{-3}\text{MPa} \fallingdotseq 0.002\text{MPa}$

$Q = 100\sqrt{10 \times (0.1 + 0.007 + 0.002)} = 104.4\text{L/min}$

ㅇ답 : 104.4L/min

(다) ㅇ계산과정 : $6.053 \times 10^4 \times \frac{104.4^2}{100^2 \times 42^5} \times 3 = 1.514 \times 10^{-3}\text{MPa} \fallingdotseq 0.001\text{MPa}$

$Q = 100\sqrt{10 \times (0.1 + 0.007 + 0.002 + 0.001)} = 104.88\text{L/min}$

ㅇ답 : 104.88L/min

(라) ㅇ계산과정 : $100 + 103.44 + 104.4 + 104.88 = 412.72\text{L/min}$

ㅇ답 : 412.72L/min

해설 **하젠-윌리엄스의 식**(Hargen-William's formula)

$$\Delta P = 6.053 \times 10^4 \times \frac{Q^2}{C^2 \times D^5} \times L$$

여기서, ΔP : 1m당 배관의 압력손실[MPa]

D : 관의 안지름[mm]

Q : 관의 유량[L/min]

C : 조도계수(조건 ④에서 100)

L : 배관의 길이[m]

• 계산의 편의를 위해 [조건 ④]식에서 ΔP의 1m당 배관의 압력손실[MPa]을 배관의 압력손실[MPa]로 바꾸어 위와 같이 배관길이 L[m]을 추가하여 곱함

(가) **헤드 ⓑ 방수량**

$$\Delta P_ⓑ = 6.053 \times 10^4 \times \frac{Q^2}{C^2 \times D^5} \times L = 6.053 \times 10^4 \times \frac{100^2}{100^2 \times 28^5} \times 2 = 7.034 \times 10^{-3} \text{MPa} ≒ 0.007 \text{MPa}$$

- Q(100L/min) : 〔조건 ③〕에서 주어진 값
- D(28mm) : 문제에서 〔조건 ①〕의 그림에서 ⓐ−ⓑ 구간은 구경 25ϕ이므로 〔조건 ②〕에서 **28mm** 적용
- L(2m) : 직관길이 **2m** 적용

〔조건 ②〕

호칭지름(ϕ)	25	32	40	50
안지름[mm]	28	36	42	53

$$Q = K\sqrt{10P}$$

여기서, Q : 방수량[L/min=Lpm]
　　　　K : 방출계수
　　　　P : 방사압력[MPa]

$$Q_1 = K\sqrt{10P} = 100\sqrt{10 \times (0.1 + 0.007)\text{MPa}} = 103.44 \text{L/min}$$

- K(100) : 〔조건 ③〕에서 주어진 값
- 0.1MPa : 〔조건 ③〕에서 주어진 값
- 0.007MPa : 바로 위에서 구한 값

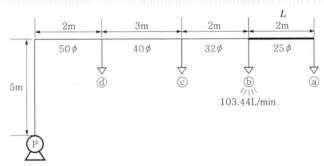

┃헤드 ⓑ 방수량┃

(나) **헤드 ⓒ 방수량**

$$\Delta P_ⓒ = 6.053 \times 10^4 \times \frac{Q^2}{C^2 \times D^5} \times L = 6.053 \times 10^4 \times \frac{103.44^2}{100^2 \times 36^5} \times 2 = 2.142 \times 10^{-3} \text{MPa} ≒ 0.002 \text{MPa}$$

- Q(100L/min) : 〔조건 ③〕에서 주어진 값
- D(36mm) : 〔조건 ①〕의 그림에서 ⓑ−ⓒ 구간은 구경 32ϕ이므로 〔조건 ②〕에서 **36mm** 적용
- L(배관길이) : 직관길이 **2m** 적용

〔조건 ②〕

호칭지름(ϕ)	25	32	40	50
안지름[mm]	28	36	42	53

$$Q_2 = K\sqrt{10P} = 100\sqrt{10(0.1 + 0.007 + 0.002)\text{MPa}} = 104.4 \text{L/min}$$

- K(100) : 〔조건 ③〕에서 주어진 값
- 0.1MPa : 〔조건 ③〕에서 주어진 값
- 0.007MPa : (가)에서 구한 값
- 0.002MPa : 바로 위에서 구한 값

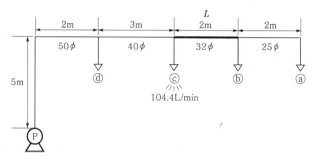

‖ 헤드 ⓒ 방수량 ‖

(다) 헤드 ⓓ 방수량

$$\Delta P_{ⓓ} = 6.053 \times 10^4 \times \frac{Q^2}{C^2 \times D^5} \times L = 6.053 \times 10^4 \times \frac{104.4^2}{100^2 \times 42^5} \times 3 = 1.514 \times 10^{-3} \text{MPa} ≒ 0.001 \text{MPa}$$

- Q(100L/min) : 〔조건 ③〕에서 주어진 값
- D(42mm) : 〔조건 ①〕의 그림에서 ⓒ-ⓓ 구간은 구경 40φ이므로 〔조건 ②〕에서 **42mm** 적용
- L(배관길이) : 직관길이 **3m** 적용

〔조건 ②〕

호칭지름(φ)	25	32	40	50
안지름[mm]	28	36	42	53

$$Q_3 = 100\sqrt{10(0.1 + 0.007 + 0.002 + 0.001)\text{MPa}} = 104.88\text{L/min}$$

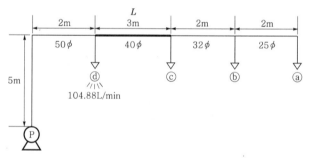

‖ 헤드 ⓓ 방수량 ‖

(라) 펌프의 **토출량**

펌프의 토출량(Q_T) = $Q + Q_1 + Q_2 + Q_3$

$$Q_T = 100\text{L/min} + 103.44\text{L/min} + 104.4\text{L/min} + 104.88\text{L/min} = 412.72\text{L/min}$$

- Q(100L/min) : 〔조건 ③〕에서 주어진 값
- Q_1(103.44L/min) : (가)에서 구한 값
- Q_2(104.4L/min) : (나)에서 구한 값
- Q_3(104.88L/min) : (다)에서 구한 값

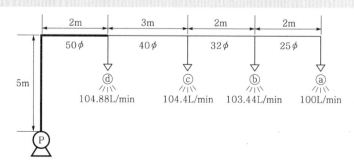

- 펌프의 토출량 계산할 때 위 그림에서 2m, 5m는 적용할 필요없다.

- 배관구경 25ϕ, 32ϕ, 40ϕ, 50ϕ이 주어지지 않을 경우 다음 표를 암기하여 배관구경을 정해야 한다.

‖ 스프링클러설비 급수관 구경 ‖

구 분 \ 급수관의 구경	25mm	32mm	40mm	50mm	65mm	80mm	90mm	100mm	125mm	150mm
폐쇄형 헤드	2개	3개	5개	10개	30개	60개	80개	100개	160개	161개 이상
폐쇄형 헤드(헤드를 동일 급수관의 가지관상에 병설하는 경우)	2개	4개	7개	15개	30개	60개	65개	100개	160개	161개 이상
• **개방형 헤드**(헤드개수 **30개** 이하) • 폐쇄형 헤드(무대부·특수 가연물 저장·취급장소)	1개	2개	5개	8개	15개	27개	40개	55개	90개	91개 이상

기억법
2	3	5	1	3	6	8	1	6
2	4	7	5	3	6	5	1	6
1	2	5	8	5	27	4	55	9

★★
문제 03

할론소화설비에서 그림의 방출방식 종류의 명칭을 쓰고, 해당 방식에 대하여 설명하시오.

(21.4.문9, 15.4.문6, 11.11.문4, 09.10.문1)

득점	배점
	5

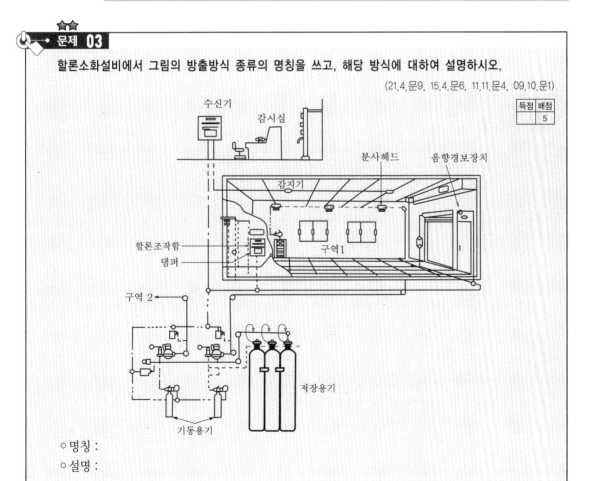

○ 명칭 :

○ 설명 :

해답 ① 명칭 : 전역방출방식
② 설명 : 고정식 할론공급장치에 배관 및 분사헤드를 고정 설치하여 밀폐방호구역 내에 할론을 방출하는 설비

해설 **할론소화설비**의 **방출방식**

방출방식	설 명
전역방출방식	고정식 할론공급장치에 배관 및 분사헤드를 고정 설치하여 **밀폐방호구역** 내에 할론을 방출하는 설비
국소방출방식	고정식 할론공급장치에 배관 및 분사헤드를 설치하여 **직접 화점**에 할론을 방출하는 설비로 화재 발생부분에만 **집중적**으로 소화약제를 방출하도록 설치하는 방식
호스릴방식	① 분사헤드가 배관에 고정되어 있지 않고 소화약제 저장용기에 호스를 연결하여 사람이 직접 화점에 소화약제를 방출하는 **이동식 소화설비** ② 국소방출방식의 일종으로 릴에 감겨 있는 호스의 끝단에 방출관을 부착하여 수동으로 연소부분에 직접 가스를 방출하여 소화하는 방식

비교

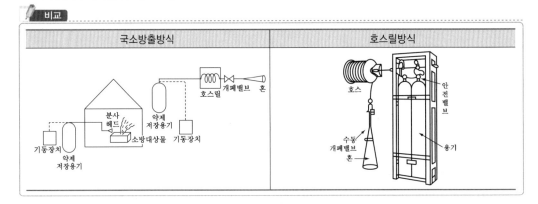

★★★
문제 04

다음은 어느 실들의 평면도이다. 이 중 A실을 급기가압하고자 할 때 주어진 조건을 이용하여 다음을 구하시오.

(21.11.문8, 20.10.문16, 20.5.문9, 19.11.문3, 18.11.문11, 17.11.문2, 17.4.문7, 16.11.문4, 16.4.문15, 15.7.문9, 11.11.문6, 08.4. 문8, 05.7.문6)

득점	배점
	7

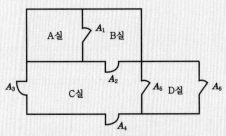

〔조건〕
① 실 외부대기의 기압은 101300Pa로서 일정하다.
② A실에 유지하고자 하는 기압은 101500Pa이다.
③ 각 실의 문들의 틈새면적은 0.01m²이다.
④ 어느 실을 급기가압할 때 그 실의 문 틈새를 통하여 누출되는 공기의 양은 다음의 식에 따른다.

$$Q = 0.827 A \cdot P^{\frac{1}{2}}$$

여기서, Q : 누출되는 공기의 양[m³/s]

$\quad\quad\quad A$: 문의 전체 누설틈새면적[m²]

$\quad\quad\quad P$: 문을 경계로 한 기압차[Pa]

(가) A실의 전체 누설틈새면적 A[m²]를 구하시오. (단, 소수점 아래 6째자리에서 반올림하여 소수점 아래 5째자리까지 나타내시오.)

$\quad$ ○ 계산과정 :

$\quad$ ○ 답 :

(나) A실에 유입해야 할 풍량[L/s]을 구하시오. (단, 소수점은 반올림하여 정수로 나타내시오.)

$\quad$ ○ 계산과정 :

$\quad$ ○ 답 :

해답 (가) ○ 계산과정 : $A_{5 \sim 6} = \dfrac{1}{\sqrt{\dfrac{1}{0.01^2} + \dfrac{1}{0.01^2}}} = 0.007071 ≒ 0.00707\text{m}^2$

$\quad\quad\quad\quad A_{3 \sim 6} = 0.01 + 0.01 + 0.00707 = 0.02707\text{m}^2$

$\quad\quad\quad\quad A_{1 \sim 6} = \dfrac{1}{\sqrt{\dfrac{1}{0.01^2} + \dfrac{1}{0.01^2} + \dfrac{1}{0.02707^2}}} = 0.006841 ≒ 0.00684\text{m}^2$

$\quad$ ○ 답 : 0.00684m²

(나) ○ 계산과정 : $0.827 \times 0.00684 \times \sqrt{200} = 0.079997\text{m}^3/\text{s} = 79.997\text{L/s} ≒ 80\text{L/s}$

$\quad$ ○ 답 : 80L/s

해설 **기호**

- A_1, A_2, A_3, A_4, A_5, A_6(0.01m²) : [조건 ③]에서 주어짐
- P[(101500−101300)Pa=200Pa] : [조건 ①, ②]에서 주어짐

(가) [조건 ③]에서 각 실의 틈새면적은 0.01m²이다.

$\quad$ $A_{5 \sim 6}$은 **직렬상태**이므로

$\quad\quad A_{5 \sim 6} = \dfrac{1}{\sqrt{\dfrac{1}{(0.01\text{m}^2)^2} + \dfrac{1}{(0.01\text{m}^2)^2}}} = 7.071 \times 10^{-3} = 0.007071 ≒ 0.00707\text{m}^2$

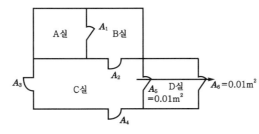

위의 내용을 정리하면 다음과 같이 변환시킬 수 있다.

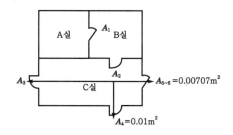

$A_{3 \sim 6}$은 **병렬상태**이므로

$A_{3 \sim 6} = 0.01\text{m}^2 + 0.01\text{m}^2 + 0.00707\text{m}^2 = 0.02707\text{m}^2$

위의 내용을 정리하면 다음과 같이 변환시킬 수 있다.

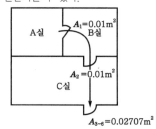

$A_{1 \sim 6}$은 **직렬상태**이므로

$$A_{1 \sim 6} = \cfrac{1}{\sqrt{\cfrac{1}{(0.01\text{m}^2)^2} + \cfrac{1}{(0.01\text{m}^2)^2} + \cfrac{1}{(0.02707\text{m}^2)^2}}} = 6.841 \times 10^{-3} = 0.006841 ≒ 0.00684\text{m}^2$$

(나) **유입풍량** Q

$$Q = 0.827 A \cdot P^{\frac{1}{2}} = 0.827 A \sqrt{P} = 0.827 \times 0.00684\text{m}^2 \times \sqrt{200}\,\text{Pa} = 0.079997\text{m}^3/\text{s} = 79.997\text{L/s} ≒ 80\text{L/s}$$

- 유입풍량

$$\boxed{Q = 0.827 A \sqrt{P}}$$

  여기서, Q : 누출되는 공기의 양(m^3/s), A : 문의 전체 누설틈새면적(m^2), P : 문을 경계로 한 기압차(Pa)
- $P^{\frac{1}{2}} = \sqrt{P}$
- [조건 ①, ②]에서 기압차(P)=101500−101300=200Pa
- $0.079997\text{m}^3/\text{s} = 79.997\text{L/s}$ ($1\text{m}^3 = 1000\text{L}$)

참고

누설틈새면적

직렬상태	병렬상태
$$A = \cfrac{1}{\sqrt{\cfrac{1}{A_1{}^2} + \cfrac{1}{A_2{}^2} + \cdots}}$$	$$A = A_1 + A_2 + \cdots$$
여기서, A : 전체 누설틈새면적(m^2) 　　　A_1, A_2 : 각 실의 누설틈새면적(m^2)	여기서, A : 전체 누설틈새면적(m^2) 　　　A_1, A_2 : 각 실의 누설틈새면적(m^2)
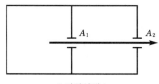	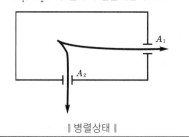
‖ 직렬상태 ‖	‖ 병렬상태 ‖

문제 05

할론소화설비에 대한 다음 각 물음에 답하시오. (22.11.문16, 18.6.문1, 14.7.문2, 11.5.문15)

(가) 별도독립방식의 정의를 쓰시오.

(나) 다음 ( ) 안의 숫자를 채우시오.

득점	배점
	5

하나의 방호구역을 담당하는 소화약제 저장용기의 소화약제량의 체적합계보다 그 소화약제 방출시 방출경로가 되는 배관(집합관을 포함한다)의 내용적의 비율이 ( )배 이상일 경우에는 해당 방호구역에 대한 설비는 별도독립방식으로 해야 한다.

해답 (가) 소화약제 저장용기와 배관을 방호구역별로 독립적으로 설치하는 방식

(나) 1.5

해설 (가) **할론소화설비**의 **정의**(NFPC 107 3조, NFTC 107 1.7.1.8)

용어	정의
전역방출방식	소화약제 공급장치에 배관 및 분사헤드 등을 고정 설치하여 **밀폐 방호구역** 전체에 소화약제를 방출하는 방식
국소방출방식	소화약제 공급장치에 배관 및 분사헤드를 설치하여 **직접 화점**에 소화약제를 방출하는 방식
호스릴방식	소화수 또는 소화약제 저장용기 등에 연결된 **호스릴**을 이용하여 사람이 직접 화점에 소화수 또는 소화약제를 방출하는 방식
충전비	소화약제 저장용기의 **내부 용적**과 소화약제의 **중량**과의 비(용적/중량)
교차회로방식	하나의 방호구역 내에 **2 이상**의 **화재감지기회로**를 설치하고 인접한 2 이상의 화재감지기가 화재를 감지하는 때에 소화설비가 작동하는 방식
방화문	**60분+**방화문, **60분** 방화문 또는 **30분** 방화문
방호구역	소화설비의 소화범위 내에 포함된 영역
별도독립방식	소화약제 **저장용기**와 **배관**을 방호구역별로 **독립**적으로 설치하는 방식
선택밸브	**2 이상**의 방호구역 또는 방호대상물이 있어 소화수 또는 소화약제를 해당하는 방호구역 또는 방호대상물에 **선택적**으로 방출되도록 제어하는 밸브
집합관	개별 소화약제(가압용 가스 포함) **저장용기**의 **방출관**이 연결되어 있는 관
호스릴	원형의 소방호스를 **원형**의 **수납장치**에 감아 정리한 것

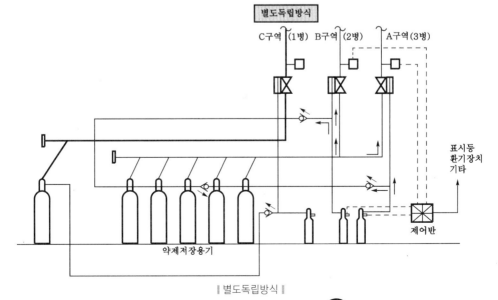

‖별도독립방식‖

(나) **할론소화설비 화재안전기준**(NFPC 107 4조 ⑦항, NFTC 107 2.1.6)
　　하나의 방호구역을 담당하는 소화약제 저장용기의 소화약제량의 체적합계보다 그 소화약제 방출시 방출경로가 되는 배관(집합관 포함)의 내용적이 **1.5배 이상**일 경우에는 해당 방호구역에 대한 설비를 **별도독립방식**으로 해야 한다.

문제 06

습식유수검지장치를 사용하는 스프링클러설비에 동장치를 시험할 수 있는 시험장치의 설치기준이다.
다음 각 물음에 답하시오.　　　　　(21.7.문11, 19.4.문11, 15.11.문15, 14.4.문17, 10.7.문8, 01.7.문11)

(가) 시험상치의 설치위치를 쓰시오.

득섬	배섬
	5

(나) 시험밸브의 구경[mm]을 쓰시오.

(다) 다음 심벌을 이용하여 시험장치의 미완성도면을 완성하시오.

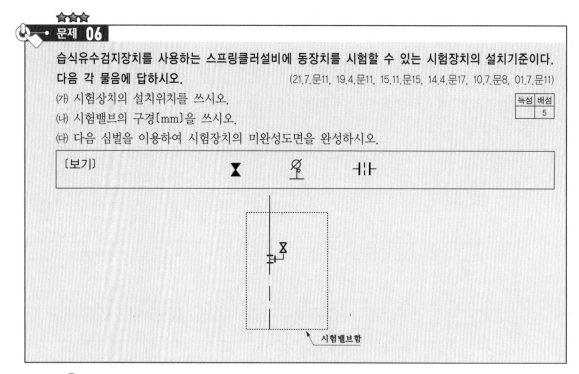

해답 (가) 유수검지장치 2차측 배관
(나) 25mm
(다)

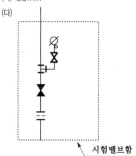

해설
- 이 문제에서는 개방형 헤드가 아닌 오리피스가 주어졌으므로 개방형 헤드 대신 **오리피스**를 그려야 한다.
- 개폐밸브는 폐쇄형()으로 주어졌으므로 폐쇄형으로 그려야 한다. 개방형()으로 그리면 틀림.

개 방	폐 쇄
⊠	⊠

(가) (나) **습식 유수검지장치** 또는 **건식 유수검지장치**를 사용하는 **스프링클러설비**와 **부압식 스프링클러설비**의 **시험장치 설치기준**(NFPC 103 8조, NFTC 103 2.5.12)
① **습식** 스프링클러설비 및 **부압식** 스프링클러설비에 있어서는 **유수검지장치 2차측** 배관에 연결하여 설치하고, **건식** 스프링클러설비인 경우 **유수검지장치**에서 **가장 먼** 거리에 위치한 **가지배관**의 **끝**으로부터 연결하여 설치할 것. 유수검지장치 2차측 설비의 내용적이 2840L를 초과하는 건식 스프링클러설비의 경우 시험장치개폐밸브를 완전개방 후 **1분** 이내에 물이 방사될 것 질문 (가)

‖ 시험장치 설치위치 ‖

습식 · 부압식	건 식
유수검지장치 **2차측 배관**	유수검지장치에서 **가장 먼 거리**에 위치한 **가지배관 끝**

② 시험장치배관의 구경은 **25mm** 이상으로 하고, 그 끝에 **개폐밸브** 및 **개방형 헤드** 또는 **스프링클러헤드와 동등한 방수성능을 가진 오리피스**를 설치할 것. 이 경우 개방형 헤드는 **반사판** 및 **프레임**을 **제거한 오리피스**만으로 설치가능 질문 (나)

③ 시험배관의 끝에는 물받이통 및 배수관을 설치하여 시험 중 방사된 물이 바닥에 흘러내리지 아니하도록 할 것 (단, **목욕실 · 화장실** 또는 그 밖의 곳으로서 배수처리가 쉬운 장소에 시험배관을 설치한 경우 제외)

(다) **시험장치배관 끝**에 **설치**하는 것

① 개폐밸브

② 개방형 헤드(또는 스프링클러헤드와 동등한 방수성능을 가진 오리피스)

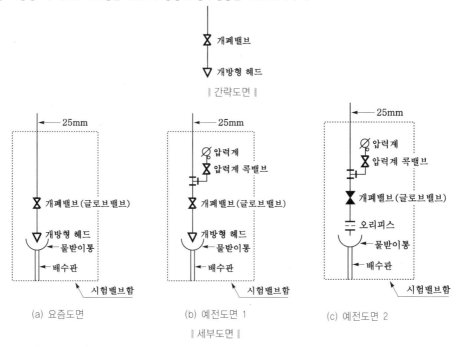

‖ 간략도면 ‖

(a) 요즘도면　　(b) 예전도면 1　　(c) 예전도면 2

‖ 세부도면 ‖

중요

소방시설 도시기호

명 칭	도시기호
플랜지	
유니온	
오리피스	
체크밸브	
가스체크밸브	
동체크밸브	

| 게이트밸브(상시개방) | ⋈ |
| 게이트밸브(상시폐쇄) | ⧓ |

★★★

문제 07

스프링클러설비에 사용되는 개방형 헤드와 폐쇄형 헤드의 차이점과 적용설비를 쓰시오.

(18.11.문2, 17.11.문3, 15.4.문4, 01.11.문11)

○ 차이점 :
○ 적용설비

득점	배점
	6

개방형 헤드	폐쇄형 헤드
○	○ ○ ○

해답

○ 차이점 : 감열부의 유무
○ 적용설비

개방형 헤드	폐쇄형 헤드
○ 일제살수식 스프링클러설비	○ 습식 스프링클러설비 ○ 건식 스프링클러설비 ○ 준비작동식 스프링클러설비

해설 개방형 헤드와 폐쇄형 헤드

구 분	개방형 헤드	폐쇄형 헤드
차이점	• **감열부가 없다.** • **가압수 방출기능**만 있다.	• **감열부가 있다.** • **화재감지** 및 **가압수 방출기능**이 있다.
설치장소	• 무대부 • 연소할 우려가 있는 개구부 • 천장이 높은 장소 • 화재가 급격히 확산될 수 있는 장소(위험물 저장 및 처리시설)	• 근린생활시설 • 판매시설(도매시장 · 소매시장 · 백화점 등) • 복합건축물 • 아파트 • 공장 또는 창고(랙크식 창고 포함) • 지하가 · 지하역사
적용설비	• **일제살수식** 스프링클러설비	• **습식** 스프링클러설비 • **건식** 스프링클러설비 • **준비작동식** 스프링클러설비 • **부압식** 스프링클러설비
형태		

• 문제에서 **폐쇄형 헤드**에는 동그라미(○)가 3개 있으므로 **부압식**까지는 안써도 된다.
• '일제살수식 스프링클러설비'를 **일제살수식**만 써도 정답
• '습식 스프링클러설비', '건식 스프링클러설비', '준비작동식 스프링클러설비'를 각각 **습식**, **건식**, **준비작동식**만 써도 정답

용어

무대부와 연소할 우려가 있는 개구부	
무대부	연소할 우려가 있는 개구부
노래, 춤, 연극 등의 연기를 하기 위해 만들어 놓은 부분	각 방화구획을 관통하는 컨베이어 · 에스컬레이터 또는 이와 비슷한 시설의 주위로서 방화구획을 할 수 없는 부분

★★★
문제 08

침대가 없는 숙박시설의 바닥면적 합이 600m²이고, 준불연재료 이상의 것을 사용한다. 이때의 수용인원을 구하시오. (단, 바닥에서 천장까지 벽으로 구획된 복도 30m²가 포함되어 있다.)

득점	배점
	4

○ 계산과정 :

○ 답 :

 해답
○ 계산과정 : $\dfrac{600-30}{3}=190$명

○ 답 : 190명

 해설 **수용인원**의 산정방법

특정소방대상물			산정방법
• 숙박시설	침대가 있는 경우		종사자수+침대수
	침대가 없는 경우		종사자수+$\dfrac{\text{바닥면적 합계}}{3\text{m}^2}$
• 강의실 • 교무실 • 상담실 • 실습실 • 휴게실			$\dfrac{\text{바닥면적 합계}}{1.9\text{m}^2}$
• 기타			$\dfrac{\text{바닥면적 합계}}{3\text{m}^2}$
• 강당 • 문화 및 집회시설, 운동시설 • 종교시설			$\dfrac{\text{바닥면적 합계}}{4.6\text{m}^2}$

• 바닥면적 산정시 **복도**(**준불연재료** 이상의 것을 사용하여 바닥에서 천장까지 벽으로 구획한 것), **계단** 및 **화장실**의 **바닥면적**은 **제외**
• **소수점** 이하는 **반올림**한다.

기억법 **수반**(**수반**! 동반!)

바닥면적 산정시 **복도**(**준불연재료** 이상의 것을 사용하여 바닥에서 천장까지 벽으로 구획한 것), 계단 및 화장실의 바닥면적은 제외해야 하므로

숙박시설(침대가 없을 경우)=$\dfrac{600\text{m}^2-30\text{m}^2}{3\text{m}^2}=190$명

• **종사자수**는 〔문제〕에서 주어지지 않았으므로 제외

★★ 문제 09

전기실에 제1종 분말소화약제를 사용한 분말소화설비를 전역방출방식의 가압식으로 설치하려고 한다. 다음 조건을 참조하여 각 물음에 답하시오.   (20.11.문14, 19.4.문3, 16.6.문4, 11.7.문16)

득점	배점
	9

〔조건〕

① 소방대상물의 크기는 가로 11m, 세로 9m, 높이 4.5m인 내화구조로 되어 있다.

② 소방대상물의 중앙에 가로 1m, 세로 1m의 기둥이 있고, 기둥을 중심으로 가로, 세로 보가 교차되어 있으며, 보는 천장으로부터 0.6m, 너비 0.4m의 크기이고, 보와 기둥은 내열성 재료이다.

③ 전기실에는 0.7m×1.0m, 1.2m×0.8m인 개구부 각각 1개씩 설치되어 있으며, 1.2m×0.8m인 개구부에는 자동폐쇄장치가 설치되어 있다.

④ 방호공간에 내화구조 또는 내열성 밀폐재료가 설치된 경우에는 방호공간에서 제외할 수 있다.

⑤ 방사헤드의 방출률은 7.82kg/mm²·min·개이다.

⑥ 약제저장용기 1개의 내용적은 50L이다.

⑦ 방사헤드 1개의 오리피스(방출구)면적은 0.45cm²이다.

⑧ 소화약제 산정기준 및 기타 필요한 사항은 국가화재안전기준에 준한다.

(개) 저장에 필요한 제1종 분말소화약제의 최소 양[kg]

　　○계산과정 :

　　○답 :

(내) 저장에 필요한 약제저장용기의 수[병]

　　○계산과정 :

　　○답 :

(대) 설치에 필요한 방사헤드의 최소 개수[개] (단, 소화약제의 양은 문항 (내)에서 구한 저장용기 수의 소화약제 양으로 한다)

　　○계산과정 :

　　○답 :

(래) 방사헤드 1개의 방사량[kg/min]

　　○계산과정 :

　　○답 :

해답　(개) ○계산과정 : $[(11 \times 9 \times 4.5) - (1 \times 1 \times 4.5 + 2.4 + 1.92)] \times 0.6 + (0.7 \times 1.0) \times 4.5 = 265.158 ≒ 265.16$kg

　　　　○답 : 265.16kg

　　(내) ○계산과정 : $G = \dfrac{50}{0.8} = 62.5$kg

　　　　　　약제저장용기 $= \dfrac{265.16}{62.5} = 4.24 ≒ 5$병

　　　　○답 : 5병

　　(대) ○계산과정 : $\dfrac{62.5 \times 5 \times 60}{7.82 \times 30 \times 45} = 1.776 ≒ 2$개

　　　　○답 : 2개

　　(래) ○계산과정 : $\dfrac{62.5 \times 5}{2 \times 30} = 5.208$kg/s $= 312.48$kg/min

　　　　○답 : 312.48kg/min

해설 (가) 전역방출방식

자동폐쇄장치가 설치되어 있지 않는 경우	자동폐쇄장치가 설치되어 있는 경우
분말저장량[kg]=방호구역체적[m³]×약제량[kg/m³] 　　　　　　　　+개구부면적[m²]×개구부가산량[kg/m²]	**분말저장량**[kg]=방호구역체적[m³]×약제량[kg/m³]

‖ 전역방출방식의 약제량 및 개구부가산량 ‖

약제 종별	약제량	개구부가산량(자동폐쇄장치 미설치시)
제1종 분말	→ 0.6kg/m³	4.5kg/m²
제2·3종 분말	0.36kg/m³	2.7kg/m²
제4종 분말	0.24kg/m³	1.8kg/m²

문제에서 개구부(0.7m×1.0m) 1개는 **자동폐쇄장치**가 **설치**되어 있지 않으므로

분말저장량[kg]=방호구역체적[m³]×약제량[kg/m³]+개구부면적[m²]×개구부가산량[kg/m²]

$$=[(11m×9m×4.5m)-(1m×1m×4.5m+2.4m^3+1.92m^3)]×0.6kg/m^3+(0.7m×1.0m)×4.5kg/m^2$$

$$=265.158 ≒ 265.16kg$$

- 방호구역체적은 〔조건 ②, ④〕에 의해 기둥(1m×1m×4.5m)과 보(2.4m³+1.92m³)의 체적은 제외한다.
- 보의 체적
  - ┌ 가로보 : (5m×0.6m×0.4m)×2개(양쪽)=2.4m³
  - └ 세로보 : (4m×0.6m×0.4m)×2개(양쪽)=1.92m³

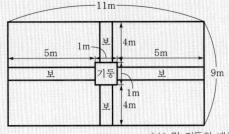

‖ 보 및 기둥의 배치 ‖

(나) 저장용기의 충전비

약제 종별	충전비[L/kg]
제1종 분말	→ 0.8
제2·3종 분말	1
제4종 분말	1.25

$$C = \frac{V}{G}$$

여기서, C : 충전비[L/kg]
　　　　V : 내용적[L]
　　　　G : 저장량(충전량)[kg]

충전량 G 는

$$G = \frac{V}{C} = \frac{50L}{0.8L/kg} = 62.5kg$$

- 50L : 〔조건 ⑥〕에서 주어진 값
- 0.8L/kg : 바로 위 표에서 구한 값

$$약제저장용기 = \frac{약제저장량}{충전량} = \frac{265.16kg}{62.5kg} = 4.24 ≒ 5병(소수발생시 반드시 절상)$$

- 265.16kg : (가)에서 구한 값
- 62.5kg : 바로 위에서 구한 값

(다)

$$분구면적[mm^2] = \frac{1병당 \ 충전량[kg] \times 병수}{방출률[kg/mm^2 \cdot s \cdot 개] \times 방사시간[s] \times 헤드 \ 개수}$$

$$헤드 \ 개수 = \frac{1병당 \ 충전량[kg] \times 병수}{방출률[kg/mm^2 \cdot s \cdot 개] \times 방사시간[s] \times 분구면적[mm^2]}$$

$$= \frac{62.5kg \times 5병}{7.82kg/mm^2 \cdot min \cdot 개 \times 30s \times 0.45cm^2}$$

$$= \frac{62.5kg \times 5병}{7.82kg/mm^2 \cdot 60s \cdot 개 \times 30s \times 45mm^2}$$

$$= \frac{62.5kg \times 5병 \times 60}{7.82kg/mm^2 \cdot s \cdot 개 \times 30s \times 45mm^2} = 1.776 ≒ 2개(절상)$$

- 분구면적=오리피스 면적=분출구면적
- 62.5kg: (나)에서 구한 값

$$저장량=충전량$$

- 5병: (나)에서 구한 값
- 7.82kg/mm² · min · 개: [조건 ⑤]에서 주어진 값
- 30s: 문제에서 '전역방출방식'이라고 하였고 일반건축물이므로 다음 표에서 30초

약제방사시간				
소화설비		전역방출방식		국소방출방식	
		일반건축물	위험물제조소	일반건축물	위험물제조소
할론소화설비		10초 이내	30초 이내	10초 이내	30초 이내
분말소화설비 ⟶		30초 이내		30초 이내	
CO₂ 소화설비	표면화재	1분 이내	60초 이내	30초 이내	
	심부화재	7분 이내			

- '위험물제조소'라는 말이 없는 경우 일반건축물로 보면 된다.
- 0.45cm² : [조건 ⑦]에서 주어진 값
- 1cm=10mm이므로 1cm²=100mm², 0.45cm²=45mm²

(라) $방사량 = \dfrac{1병당 \ 충전량[kg] \times 병수}{헤드수 \times 약제방출시간[s]} = \dfrac{62.5kg \times 5병}{2개 \times 30s} = 5.208kg/s = 5.208kg \left/ \dfrac{1}{60}min \right. = 5.208 \times 60kg/min$

$$= 312.48kg/min$$

- 62.5kg : (나)에서 구한 값
- 5병 : (나)에서 구한 값
- 2개 : (다)에서 구한 값
- 30s : 문제에서 '전역방출방식'이라고 하였고 일반건축물이므로 30s
- 1min=60s

📏 비교

(1) 선택밸브 직후의 유량 $= \dfrac{1병당 \ 저장량[kg] \times 병수}{약제방출시간[s]}$

(2) 방사량 $= \dfrac{1병당 \ 저장량[kg] \times 병수}{헤드수 \times 약제방출시간[s]}$

(3) 약제의 유량속도 $= \dfrac{1병당 \ 충전량[kg] \times 병수}{약제방출시간[s]}$

(4) 분사헤드수 $= \dfrac{1병당 \ 저장량[kg] \times 병수}{헤드 \ 1개의 \ 표준방사량[kg]}$

(5) 개방밸브(용기밸브) 직후의 유량 $= \dfrac{1병당 \ 충전량[kg]}{약제방출시간[s]}$

★★
문제 10

옥외소화전설비의 화재안전기술기준과 관련하여 다음 ( )안의 내용을 쓰시오.

(19.6.문7, 11.5.문5, 09.4.문8)

득점	배점
	4

옥내소화전설비의 방수량은 (①)L/min이고, 방수압은 (②)MPa이다. 호스접결구는 지면으로부터 높이가 (③)m 이상 (④)m 이하의 위치에 설치하고 특정소방대상물의 각 부분으로부터 하나의 호스접결구까지의 수평거리가 (⑤)m 이하가 되도록 설치하여야 한다.

①: ②: ③: ④: ⑤:

해답 ① 350 ② 0.25 ③ 0.5 ④ 1 ⑤ 40

해설 **옥외소화전설비**

옥외소화전(NFPC 109 5조, NFTC 109 2.2.1.3)	호스접결구(NFPC 109 6조, NFTC 109 2.3.1)
특정소방대상물에 설치된 옥외소화전(**2개** 이상 설치된 경우에는 2개의 옥외소화전)을 동시에 사용할 경우 각 옥외소화전의 노즐선단에서의 방수압력이 **0.25MPa** 이상이고, 방수량이 **350L/min** 이상이 되는 성능의 것으로 할 것. (단, 하나의 옥외소화전을 사용하는 노즐선단에서의 방수압력이 **0.7MPa**을 초과할 경우에는 호스접결구의 **인입측**에 **감압장치** 설치)	호스접결구는 지면으로부터의 높이가 **0.5m** 이상 **1m** 이하의 위치에 설치하고 특정소방대상물의 각 부분으로부터 하나의 호스접결구까지의 **수평거리**가 **40m** 이하가 되도록 설치

(1) **옥외소화전 수원의 저수량**

$$Q = 7N$$

여기서, Q : 옥외소화전 수원의 저수량[m³], N : 옥외소화전개수(**최대 2개**)

(2) **옥외소화전 가압송수장치의 토출량**

$$Q = N \times 350\text{L/min}$$

여기서, Q : 옥외소화전 가압송수장치의 토출량[L/min], N : 옥외소화전개수(**최대 2개**)

가압송수장치의 **토출량** Q는

$Q = N \times 350\text{L/min} = 2 \times 350\text{L/min} = 700\text{L/min}$

• N은 소화전개수(최대 2개)

비교

옥내소화전설비의 **저수량** 및 **토출량**

(1) **수원의 저수량**

$Q = 2.6N$(30층 미만, N : 최대 2개)
$Q = 5.2N$(30~49층 이하, N : 최대 5개)
$Q = 7.8N$(50층 이상, N : 최대 5개)

여기서, Q : 옥내소화전 수원의 저수량[m³], N : 가장 많은 층의 옥내소화전개수

(2) **옥내소화전 가압송수장치**의 **토출량**

$$Q = N \times 130$$

여기서, Q : 옥내소화전 가압송수장치의 토출량[L/min]
N : 가장 많은 층의 옥내소화전개수(30층 미만 : 최대 2개, 30층 이상 : 최대 5개)

(3) 설치높이

0.5~1m 이하	0.8~1.5m 이하	1.5m 이하
① **연**결송수관설비의 송수구 · 방수구 ② **연**결살수설비의 송수구 ③ **소**화용수설비의 채수구 ④ 옥외소화전 호스접결구 기억법 **연소용 51(연소용 오일**은 잘 탄다.)	① **제**어밸브(수동식 개방밸브) ② **유**수검지장치 ③ **일**제개방밸브 기억법 **제유일 85(제**가 **유일**하게 **팔**았어**요**.)	① **옥내**소화전설비의 방수구 ② **호**스릴함 ③ **소**화기 기억법 **옥내호소 5(옥내**에서 **호소**하시**오**.)

(4) 옥내소화전과 옥외소화전의 비교

옥내소화전	옥외소화전
수평거리 **25m** 이하	수평거리 **40m** 이하
노즐(13mm×1개)	노즐(19mm×1개)
호스(**40mm**×15m×2개)	호스(**65mm**×20m×2개)
앵글밸브(40mm×1개)	앵글밸브 필요없음

★★★
문제 **11**

경유를 저장하는 탱크의 내부 직경이 50m인 플루팅루프탱크(Floating Roof Tank)에 포소화설비의 특형 방출구를 설치하여 방호하려고 할 때 다음 각 물음에 답하시오.

(20.10.문13, 18.4.문4, 17.11.문9, 16.11.문13, 16.6.문2, 15.4.문9, 14.7.문10, 13.11.문3, 13.7.문4, 09.10.문4, 05.10.문12, 02.4.문12)

득점	배점
	7

[조건]

① 소화약제는 3%용의 단백포를 사용하며, 포수용액의 분당 방출량은 $8L/m^2$·분이고, 방사시간은 30분을 기준으로 한다.

② 탱크의 내면과 굽도리판의 간격은 1m로 한다.

③ 펌프의 효율은 65%로 한다.

(개) 탱크의 환상면적(m^2)을 구하시오.

　ㅇ계산과정 :

　ㅇ답 :

(내) 탱크의 특형 고정포방출구에 의하여 소화하는 데 필요한 포수용액의 양(L), 수원의 양(L), 포원액의 양(L)을 각각 구하시오.

　ㅇ포수용액의 양(계산과정 및 답) :

　ㅇ수원의 양(계산과정 및 답) :

　ㅇ포원액의 양(계산과정 및 답) :

(대) 전양정이 80m일 때 전동기 용량(kW)를 구하시오.

　ㅇ계산과정 :

　ㅇ답 :

해답 (개) ㅇ계산과정 : $\frac{\pi}{4}(50^2-48^2)=153.938 ≒ 153.94m^2$

　　ㅇ답 : 153.94m^2

(내) ㅇ계산과정 : 포수용액의 양 = $153.94×8×30×1=36945.6L$

　　ㅇ답 : 36945.6L

○ 계산과정 : 수원의 양＝$153.94 \times 8 \times 30 \times 0.97 = 35837.232 \fallingdotseq 35837.23$L

○ 답 : 35837.23L

○ 계산과정 : 포소화약제 원액의 양＝$153.94 \times 8 \times 30 \times 0.03 = 1108.368 \fallingdotseq 1108.37$L

○ 답 : 1108.37L

(다) ○ 계산과정 : 분당토출량＝$\dfrac{36945.6}{30} = 1231.52$L/min

$$P = \frac{0.163 \times 1.23152 \times 80}{0.65} = 24.706 \fallingdotseq 24.71\text{kW}$$

○ 답 : 24.71kW

해설 (가) **탱크의 액표면적**(환상면적)

$$A = \frac{\pi}{4}(50^2 - 48^2)\text{m}^2 = 153.938 \fallingdotseq 153.94\text{m}^2$$

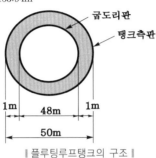

굽도리판
탱크측판

1m 48m 1m
50m

‖ 플루팅루프탱크의 구조 ‖

(나)

$$Q = A \times Q_1 \times T \times S$$

여기서, Q : 포소화약제의 양[L]

A : 탱크의 액표면적[m²]

Q_1 : 단위 포소화수용액의 양[L/m²·분]

T : 방출시간[분]

S : 포소화약제의 사용농도

① 포수용액의 양 Q는

$Q = A \times Q_1 \times T \times S = 153.94\text{m}^2 \times 8\text{L/m}^2 \cdot 분 \times 30분 \times 1 = 36945.6$L

• $A = 153.94\text{m}^2$: (가)에서 구한 153.94m²를 적용하면 된다. 다시 $\frac{\pi}{4}(50^2 - 48^2)\text{m}^2$를 적용해서 계산할 필요는 없다.

• 8L/m²·분 : [조건 ①]에서 주어진 값

• 30분 : [조건 ①]에서 주어진 값

• $S = 1$: **포수용액**의 **농도** S는 항상 **1**

② 수원의 양 Q는

$Q = A \times Q_1 \times T \times S = 153.94\text{m}^2 \times 8\text{L/m}^2 \cdot 분 \times 30분 \times 0.97 = 35837.232 \fallingdotseq 35837.23$L

• $S = 0.97$: [조건 ①]에서 **3%**용 포이므로 수원(물)은 **97%**(100-3 = 97%)가 되어 농도 $S = $**0.97**

③ 포소화약제 원액의 양 Q는

$Q = A \times Q_1 \times T \times S = 153.94\text{m}^2 \times 8\text{L/m}^2 \cdot 분 \times 30분 \times 0.03 = 1108.368 \fallingdotseq 1108.37$L

• $S = 0.03$: [조건 ①]에서 **3%**용 포이므로 농도 $S = $**0.03**

(다) ① 분당토출량＝$\dfrac{포수용액의 양[\text{L}]}{방사시간[\text{min}]} = \dfrac{36945.6\text{L}}{30\text{min}} = 1231.52$L/min

• 36945.6L : (나)에서 구한 값

• 30min : [조건 ①]에서 주어진 값

- 펌프의 토출량은 어떤 혼합장치이든지 관계없이 모두! 반드시! 포수용액을 기준으로 해야 한다.
  - 포소화설비의 화재안전기준(NFPC 105 6조 ①항 4호, NFTC 105 2.3.1.4)
  4. 펌프의 **토출량**은 포헤드·고정포방출구 또는 이동식 포노즐의 설계압력 또는 노즐의 방사압력의 허용범위 안에서 **포수용액**을 방출 또는 방사할 수 있는 양 이상이 되도록 할 것

② 전동기의 출력

$$P = \frac{0.163QH}{\eta}K$$

여기서, P : 전동기의 출력(kW), Q : 토출량[m³/min], H : 전양정[m], K : 전달계수, η : 펌프의 효율
전동기의 출력 P는

$$P = \frac{0.163QH}{\eta}K = \frac{0.163 \times 1231.52\text{L/min} \times 80\text{m}}{0.65} = \frac{0.163 \times 1.23152\text{m}^3/\text{min} \times 80\text{m}}{0.65} = 24.706 ≒ 24.71\text{kW}$$

- 1231.52L/min : 바로 위에서 구한 값. 1000L=1m³이므로 1231.52L/min=1.23152m³/min
- 80m : (다) 문제에서 주어진 값
- 0.65 : [조건 ③]에서 65%=0.65

★★★

문제 12

옥내소화전설비와 스프링클러설비가 설치된 아파트에서 조건을 참고하여 다음 각 물음에 답하시오.

(19.6.문3, 15.11.문1, 13.4.문9, 12.4.문10, 07.7.문2)

득점	배점
	10

[조건]
① 계단실형 아파트로서 지하 2층(주차장), 지상 12층(아파트 각 층별로 2세대)인 건축물이다.
② 각 층에 옥내소화전 및 스프링클러설비가 설치되어 있다.
③ 지하층에는 옥내소화전 방수구가 층마다 3조씩, 지상층에는 옥내소화전 방수구가 층마다 1조씩 설치되어 있다.
④ 아파트의 각 세대별로 설치된 스프링클러헤드의 설치수량은 12개이다.
⑤ 각 설비가 설치되어 있는 장소는 방화벽과 방화문으로 구획되어 있지 않고, 저수조, 펌프 및 입상배관은 겸용으로 설치되어 있다.
⑥ 옥내소화전설비의 경우 실양정 50m, 배관마찰손실은 실양정의 15%, 호스의 마찰손실수두는 실양정의 30%를 적용한다.
⑦ 스프링클러설비의 경우 실양정 52m, 배관마찰손실은 실양정의 35%를 적용한다.
⑧ 펌프의 효율은 체적효율 90%, 기계효율 80%, 수력효율 75%이다.
⑨ 펌프 작동에 요구되는 동력전달계수는 1.1을 적용한다.

(가) 주펌프의 최소 전양정[m]을 구하시오. (단, 최소 전양정을 산출할 때 옥내소화전설비와 스프링클러설비를 모두 고려해야 한다.)
　○계산과정 :

　○답 :

(나) 옥상수조를 포함하여 두 설비에 필요한 총 수원의 양[m³] 및 최소 펌프 토출량[L/min]을 구하시오.
　○계산과정 :

　○답 :

(다) 펌프 작동에 필요한 전동기의 최소 동력〔kW〕을 구하시오.

　○계산과정 :

　○답 :

(라) 스프링클러설비에는 감시제어반과 동력제어반으로 구분하여 설치하여야 하는데, 구분하여 설치하지 않아도 되는 경우 3가지를 쓰시오.

　○(　　)에 따른 가압송수장치를 사용하는 스프링클러설비

　○(　　)에 따른 가압송수장치를 사용하는 스프링클러설비

　○(　　)에 따른 가압송수장치를 사용하는 스프링클러설비

해답 (가) ○계산과정 : 옥내소화전설비 $h_3 = 50\text{m}$

$h_1 = 50 \times 0.3 = 15\text{m}$

$h_2 = 50 \times 0.15 = 7.5\text{m}$

$\therefore\ H = 15 + 7.5 + 50 + 17 = 89.5\text{m}$

스프링클러설비 $h_2 = 52\text{m}$

$h_1 = 52 \times 0.35 = 18.2\text{m}$

$\therefore\ H = 18.2 + 52 + 10 = 80.2\text{m}$

○답 : 89.5m

(나) ○계산과정 : 옥내소화전설비 $Q = 2.6 \times 2 = 5.2\text{m}^3$

$Q' = 2.6 \times 2 \times \dfrac{1}{3} = 1.733\text{m}^3$

스프링클러설비 $Q = 1.6 \times 12 = 19.2\text{m}^3$

$Q' = 1.6 \times 12 \times \dfrac{1}{3} = 6.4\text{m}^3$

$\therefore\ 5.2 + 1.733 + 19.2 + 6.4 = 32.533 ≒ 32.53\text{m}^3$

옥내소화전설비 $Q = 2 \times 130 = 260\text{L/min}$

스프링클러설비 $Q = 12 \times 80 = 960\text{L/min}$

$\therefore\ 260 + 960 = 1220\text{L/min}$

○답 : 수원의 양〔m³〕=32.53m³

최소 펌프 토출량〔L/min〕=1220L/min

(다) ○계산과정 : $\eta = 0.9 \times 0.8 \times 0.75 = 0.54$

$P = \dfrac{0.163 \times 1.22 \times 89.5}{0.54} \times 1.1 = 36.255 ≒ 36.26\text{kW}$

○답 : 36.26kW

(라) ① 내연기관

② 고가수조

③ 가압수조

해설 (가) ① **옥내소화전설비**의 전양정

$$H = h_1 + h_2 + h_3 + 17$$

여기서, H : 전양정〔m〕

h_1 : 소방호스의 마찰손실수두〔m〕

h_2 : 배관 및 관부속품의 마찰손실수두〔m〕

h_3 : 실양정(흡입양정＋토출양정)〔m〕

● 〔조건 ⑥〕에서 h_3=50m

● 〔조건 ⑥〕에서 h_1=50m×0.3=15m

● 〔조건 ⑥〕에서 h_2=50m×0.15=7.5m

전양정 H는

$H = h_1 + h_2 + h_3 + 17 = 15\text{m} + 7.5\text{m} + 50\text{m} + 17 = \textbf{89.5m}$

② 스프링클러설비의 **전양정**

$$H = h_1 + h_2 + 10$$

여기서, H : 전양정[m]

h_1 : 배관 및 관부속품의 마찰손실수두[m]

h_2 : 실양정(흡입양정+토출양정)[m]

10 : 최고위 헤드압력수두[m]

- [조건 ⑦]에서 h_2=52m
- [조건 ⑦]에서 h_1=52m×0.35=18.2m
- 관부속품의 마찰손실수두는 주어지지 않았으므로 무시

전양정 H는

$H = h_1 + h_2 + 10 = 18.2\text{m} + 52\text{m} + 10 = \textbf{80.2m}$

∴ 옥내소화설비의 전양정, 스프링클러설비 전양정 두 가지 중 **큰 값**인 **89.5m** 적용

중요

‖ 하나의 펌프에 두 개의 설비가 함께 연결된 경우 ‖	
구 분	적 용
펌프의 전양정 ⟶	두 설비의 전양정 중 **큰 값**
펌프의 토출압력	두 설비의 토출압력 중 **큰 값**
펌프의 유량(토출량)	두 설비의 유량(토출량)을 **더한 값**
수원의 저수량	두 설비의 저수량을 **더한 값**

(나) ① **옥내소화전설비**

저수조의 **저수량**

$Q = 2.6N$(30층 미만, N : 최대 2개)
$Q = 5.2N$(30~49층 이하, N : 최대 5개)
$Q = 7.8N$(50층 이상, N : 최대 5개)

여기서, Q : 저수조의 저수량[m³]

N : 가장 많은 층의 소화전개수

저수조의 저수량 Q는

$Q = 2.6N = 2.6 \times 2 = 5.2\text{m}^3$

- [조건 ③]에서 소화전개수 N=2(최대 2개)
- [조건 ①]에서 **12층**이므로 **30층 미만**의 식 적용

옥상수원의 **저수량**

$Q' = 2.6N \times \dfrac{1}{3}$(30층 미만, N : 최대 2개)

$Q' = 5.2N \times \dfrac{1}{3}$(30~49층 이하, N : 최대 5개)

$Q' = 7.8N \times \dfrac{1}{3}$(50층 이상, N : 최대 5개)

여기서, Q' : 옥상수원의 저수량[m³]

N : 가장 많은 층의 소화전개수

옥상수원의 저수량 $Q' = 2.6N \times \dfrac{1}{3} = 2.6 \times 2 \times \dfrac{1}{3} = 1.733\text{m}^3$

- [조건 ③]에서 소화전개수 N=2(최대 2개)
- [조건 ①]에서 **12층**이므로 **30층 미만**식 적용

② 스프링클러설비

저수조의 저수량

특정소방대상물			폐쇄형 헤드의 기준개수
지하가 · 지하역사			30
11층 이상			
10층 이하	공장(특수가연물)		
	판매시설(백화점 등), 복합건축물(판매시설이 설치된 복합건축물)		
	근린생활시설, 운수시설		20
	8m 이상		
	8m 미만		10

문제에서 아파트이므로 아파트는 일반적으로 **폐쇄형 헤드**설치

$Q = 1.6N$(30층 미만)
$Q = 3.2N$(30~49층 이하)
$Q = 4.8N$(50층 이상)

여기서, Q : 수원의 저수량[m³]
　　　　N : 폐쇄형 헤드의 기준개수(설치개수가 기준개수보다 적으면 그 설치개수)

30층 미만이고 11층 이상이므로 **수원**의 **저수량** $Q = 1.6N = 1.6 \times 12 = 19.2$m³

- 〔조건 ①〕에서 **11층 이상**이므로 기준개수는 **30개**이지만 〔조건 ④〕에서 설치개수가 **12개**로 기준개 수보다 작기 때문에 설치개수인 **12개 적용**

〔조건 ①〕에서

옥상수원의 저수량

$Q' = 1.6N \times \dfrac{1}{3}$ (30층 미만)

$Q' = 3.2N \times \dfrac{1}{3}$ (30~49층 이하)

$Q' = 4.8N \times \dfrac{1}{3}$ (50층 이상)

여기서, Q : 수원의 저수량[m³]
　　　　N : 폐쇄형 헤드의 기준개수(설치개수가 기준개수보다 적으면 그 설치개수)

옥상수원의 저수량 $Q' = 1.6N \times \dfrac{1}{3} = 1.6 \times 12 \times \dfrac{1}{3} = 6.4$m³

수원의 저수량은 두 설비의 저수량을 **더한 값**이므로 총 저수량은
총 저수량=옥내소화전설비+스프링클러설비=5.2m³+1.733m³+19.2m³+6.4m³=32.533≒32.53m³

🖐 중요

‖ 하나의 펌프에 두 개의 설비가 함께 연결된 경우 ‖

구 분	적 용
펌프의 전양정	두 설비의 전양정 중 큰 값
펌프의 토출압력	두 설비의 토출압력 중 큰 값
펌프의 유량(토출량)	두 설비의 유량(토출량)을 더한 값
수원의 저수량 ⟶	두 설비의 저수량을 **더한 값**

③ 옥내소화전설비의 토출량

$Q = N \times 130$L/min

여기서, Q : 펌프의 토출량[L/min]
　　　　N : 가장 많은 층의 소화전개수(**최대 2개**)
펌프의 토출량 $Q = N \times 130$L/min $= 2 \times 130$L/min $= 260$L/min

- 〔조건 ③〕에서 소화전개수 $N=2$(최대 2개)

④ 스프링클러설비의 **토출량**

$$Q = N \times 80 \text{L/min}$$

여기서, Q : 펌프의 토출량〔L/min〕

  N : 폐쇄형 헤드의 기준개수(설치개수가 기준개수보다 적으면 그 설치개수)

펌프의 **토출량** $Q = N \times 80 \text{L/min} = 12 \times 80 \text{L/min} = 960 \text{L/min}$

- 〔조건 ①〕에서 11층 이상이므로 기준개수는 30개이지만 〔조건 ④〕에서 설치개수가 12개로 기준 개수보다 작기 때문에 설치개수인 **12개 적용**

∴ 총 토출량 $Q =$ 옥내소화전설비 + 스프링클러설비

  $= 260 \text{L/min} + 960 \text{L/min} = 1220 \text{L/min}$

중요

‖ 하나의 펌프에 두 개의 설비가 함께 연결된 경우 ‖

구 분	적 용
펌프의 전양정	두 설비의 전양정 중 큰 값
펌프의 토출압력	두 설비의 토출압력 중 큰 값
펌프의 유량(토출량) ────▶	두 설비의 유량(토출량)을 **더한 값**
수원의 저수량	두 설비의 저수량을 더한 값

(다) ① **전효율**

$$\eta_T = \eta_v \times \eta_m \times \eta_h$$

여기서, η_T : 펌프의 전효율

  η_v : 체적효율

  η_m : 기계효율

  η_h : 수력효율

펌프의 **전효율** η_T 는

$\eta_T = \eta_v \times \eta_m \times \eta_h = 0.9 \times 0.8 \times 0.75 = \mathbf{0.54}$

- $\eta_v(0.9)$: 〔조건 ⑧〕에서 90%=0.9
- $\eta_m(0.8)$: 〔조건 ⑧〕에서 80%=0.8
- $\eta_h(0.75)$: 〔조건 ⑧〕에서 75%=0.75

② **동력**

$$P = \frac{0.163QH}{\eta}K$$

여기서, P : 동력〔kW〕

  Q : 유량〔m³/min〕

  H : 전양정〔m〕

  η : 효율

  K : 전달계수

펌프의 **동력** P 는

$P = \dfrac{0.163QH}{\eta}K = \dfrac{0.163 \times 1220 \text{L/min} \times 89.5 \text{m}}{0.54} \times 1.1 = \dfrac{0.163 \times 1.22 \text{m}^3/\text{min} \times 89.5 \text{m}}{0.54} \times 1.1$

  $= 36.255 ≒ 36.26 \text{kW}$

- Q(1220L/min) : (나)에서 구한 값(1000L=1m³이므로 1220L/min=1.22m³/min)
- H(89.5m) : (가)에서 구한 값
- η(0.54) : 바로 위에서 구한 값
- K(1.1) : 〔조건 ⑨〕에서 주어진 값

⒃ **감시제어반**과 **동력제어반**으로 **구분하여 설치하지 않아도 되는 경우**

스프링클러설비(NFPC 103 13조, NFTC 103 2,10,1)	미분무소화설비(NFPC 104A 15조, NFTC 104A 2,12,1)
① **내연기관**에 따른 가압송수장치를 사용하는 스프링클러설비 ② **고가수조**에 따른 가압송수장치를 사용하는 스프링클러설비 ③ **가압수조**에 따른 가압송수장치를 사용하는 스프링클러설비 **기억법** 내고가	① **가압수조**에 따른 가압송수장치를 사용하는 미분무소화설비의 경우 ② **별도**의 시방서를 제시할 경우

비교

감시제어반과 **동력제어반**으로 **구분하여 설치하지 않아도 되는 경우**

(1) 옥외소화전설비 (NFPC 109 9조, NFTC 109 2,6,1)
 ① **내연기관**에 따른 가압송수장치를 사용하는 옥외소화전설비
 ② **고가수조**에 따른 가압송수장치를 사용하는 옥외소화전설비
 ③ **가압수조**에 따른 가압송수장치를 사용하는 옥외소화전설비

(2) 옥내소화전설비 (NFPC 102 9조, NFTC 102 2,6,1)
 ① **내연기관**에 따른 가압송수장치를 사용하는 옥내소화전설비
 ② **고가수조**에 따른 가압송수장치를 사용하는 옥내소화전설비
 ③ **가압수조**에 따른 가압송수장치를 사용하는 옥내소화전설비

(3) 화재조기진압용 스프링클러설비 (NFPC 103B 15조, NFTC 103B 2,12,1)
 ① **내연기관**에 따른 가압송수장치를 사용하는 화재조기진압용 스프링클러설비
 ② **고가수조**에 따른 가압송수장치를 사용하는 화재조기진압용 스프링클러설비
 ③ **가압수조**에 따른 가압송수장치를 사용하는 화재조기진압용 스프링클러설비

(4) 물분무소화설비 (NFPC 104 13조, NFTC 104 2,10,1)
 ① **내연기관**에 따른 가압송수장치를 사용하는 물분무소화설비
 ② **고가수조**에 따른 가압송수장치를 사용하는 물분무소화설비
 ③ **가압수조**에 따른 가압송수장치를 사용하는 물분무소화설비

(5) 포소화설비 (NFPC 105 14조, NFTC 105 2,11,1)
 ① **내연기관**에 따른 가압송수장치를 사용하는 포소화설비
 ② **고가수조**에 따른 가압송수장치를 사용하는 포소화설비
 ③ **가압수조**에 따른 가압송수장치를 사용하는 포소화설비

중요

가압송수장치의 **구분**

구 분	• 옥내소화전설비(NFPC 102 제5조, NFTC 102 2,2) • 옥외소화전설비(NFPC 109 제5조, NFTC 109 2,2) • 화재조기진압용 스프링클러설비(NFPC 103B 제6조, NFTC 103B 2,3) • 물분무소화설비(NFPC 104 제5조, NFTC 104 2,2) • 포소화설비(NFPC 105 제6조, NFTC 105 2,3) • 스프링클러설비(NFPC 103 제5조, NFTC 103 2,2)	• 미분무소화설비(NFPC 104A 제8조, NFTC 104A 2,5)
펌프방식 (지하수조방식)	전동기 또는 내연기관에 따른 펌프를 이용하는 가압송수장치	전동기 또는 내연기관에 따른 펌프를 이용하는 가압송수장치
고가수조방식	고가수조의 낙차를 이용한 가압송수장치	해당없음
압력수조방식	압력수조를 이용한 가압송수장치	압력수조를 이용한 가압송수장치
가압수조방식	가압수조를 이용한 가압송수장치	가압수조를 이용한 가압송수장치

★ 문제 13

그림과 같은 높이 2m의 위험물탱크에 국소방출방식으로 이산화탄소 소화설비를 설치하려고 한다. 다음 물음에 답하시오. (단, 고압식이며, 방호대상물 주위에는 방호대상물과 크기가 같은 2개의 벽을 설치한다.)

(22.7.문4, 19.4.문5, 18.4.문6, 12.7.문12, 10.7.문2)

득점	배점
	8

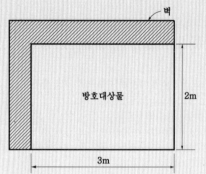

벽

방호대상물

2m

3m

(가) 방호공간의 체적[m³]을 구하시오.
　○ 계산과정 :
　○ 답 :

(나) 소화약제저장량[kg]을 구하시오.
　○ 계산과정 :
　○ 답 :

(다) 소화약제의 방출량[kg/s]을 구하시오.
　○ 계산과정 :
　○ 답 :

해답 (가) ○ 계산과정 : $3.6 \times 2.6 \times 2.6 = 24.336 ≒ 24.34\text{m}^3$
　　　　○ 답 : 24.34m^3

(나) ○ 계산과정 : $a = (2 \times 3 \times 1) + (2 \times 2 \times 1) = 10\text{m}^2$
　　　　$A = (3.6 \times 2.6 \times 2) + (2.6 \times 2.6 \times 2) = 32.24\text{m}^2$
　　　　$24.34 \times \left(8 - 6 \times \dfrac{10}{32.24}\right) \times 1.4 = 209.191 ≒ 209.19\text{kg}$
　　　　○ 답 : 209.19kg

(다) ○ 계산과정 : $\dfrac{209.19}{30} = 6.973 ≒ 6.97\text{kg/s}$
　　　　○ 답 : 6.97kg/s

해설 (가) **방호공간** : 방호대상물의 각 부분으로부터 **0.6m**의 거리에 의하여 둘러싸인 공간

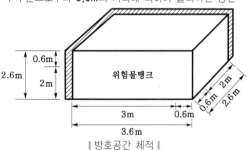

0.6m
2.6m
2m
위험물탱크
2m
0.6m
2.6m
3m
0.6m
3.6m

‖방호공간 체적‖

방호공간체적 $= 3.6\text{m} \times 2.6\text{m} \times 2.6\text{m} = 24.336 ≒ 24.34\text{m}^3$

- 단서에서 **방호대상물 주위**에 크기가 같은 **2개**의 **벽**이 설치되어 있으므로 방호공간체적 산정시 **가로**와 **세로 위쪽**만이 0.6m씩 늘어남을 기억하라.
- 다시 말해 가로, 세로 한쪽 벽만 설치되어 있으므로 가로와 세로 부분은 한쪽만 **0.6m**씩 늘어나고 **높이**도 **위쪽**만 0.6m 늘어난다.

(나) **국소방출방식의 CO₂ 저장량**

특정소방대상물	고압식	저압식
• 연소면 한정 및 비산우려가 없는 경우 • 윗면개방용기	방호대상물 표면적×13kg/m²×1.4	방호대상물 표면적×13kg/m²×1.1
• 기타	➤방호공간체적×$\left(8-6\dfrac{a}{A}\right)$×1.4	방호공간체적×$\left(8-6\dfrac{a}{A}\right)$×1.1

여기서, a : 방호대상물 주위에 설치된 벽면적의 합계[m²]
$\quad\quad\quad A$: 방호공간의 벽면적의 합계[m²]

국소방출방식으로 [단서]에서 **고압식**을 설치하며, **위험물탱크**이므로 위 표에서 빗금 친 부분의 식을 적용한다.
방호대상물 주위에 설치된 **벽면적**의 **합계** a는
$a = (앞면 + 뒷면) + (좌면 + 우면) = (2m \times 3m \times 1면) + (2m \times 2m \times 1면) = 10m^2$

- $a = (앞면+뒷면)+(좌면+우면)$: 단서조건에 의해 방호대상물 주위에 설치된 2개의 **벽**이 있으므로 이 식 적용

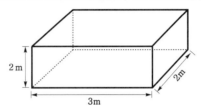

‖ 방호대상물 주위에 설치된 벽면적의 합계 ‖

방호공간의 **벽면적**의 **합계** A는
$A = (앞면 + 뒷면) + (좌면 + 우면) = (3.6m \times 2.6m \times 2면) + (2.6m \times 2.6m \times 2면) = 32.24m^2$

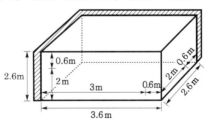

‖ 방호공간의 벽면적의 합계 ‖

소화약제저장량 = 방호공간체적 × $\left(8-6\dfrac{a}{A}\right)$ × 1.4 = 24.34m³ × $\left(8-6\times\dfrac{10\,m^2}{32.24\,m^2}\right)$ × 1.4 = 209.191 ≒ 209.19kg

비교

저압식으로 설치하였을 경우 소화약제저장량[kg]
소화약제저장량 = 방호공간체적 × $\left(8-6\dfrac{a}{A}\right)$ × 1.1 = 24.34m³ × $\left(8-6\times\dfrac{10m^2}{32.24m^2}\right)$ × 1.1 = 164.364 ≒ 164.36kg

(다) CO₂ 소화설비(국소방출방식)의 약제방사시간은 **30초** 이내이므로
방출량[kg/s] = $\dfrac{209.19\text{kg}}{30\text{s}}$ = 6.973 ≒ 6.97kg/s

- 단위를 보면 식을 쉽게 만들 수 있다.

중요

약제방사시간

소화설비		전역방출방식		국소방출방식	
		일반건축물	위험물제조소	일반건축물	위험물제조소
할론소화설비		10초 이내	30초 이내	10초 이내	30초 이내
분말소화설비		30초 이내		30초 이내	
CO_2 소화설비	표면화재	1분 이내	60초 이내		
	심부화재	7분 이내			

- **표면화재** : 가연성 액체 · 가연성 가스
- **심부화재** : 종이 · 목재 · 석탄 · 섬유류 · 합성수지류

★★★
문제 14

그림과 같은 관에 유량이 100L/s로 40℃의 물이 흐르고 있다. ②점에서 공동현상이 발생하지 않도록 하기 위한 ①점에서의 최소 압력[kPa]을 구하시오. (단, 관의 손실은 무시하고 40℃ 물의 증기압은 55.324mmHg abs이다.)

(16.6.문16, 10.7.문11)

득점	배점
	5

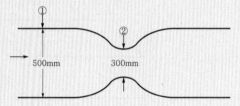

500mm   300mm

○ 계산과정 :
○ 답 :

해답 ○ 계산과정 : $V_1 = \dfrac{0.1}{\dfrac{\pi \times 0.5^2}{4}} = 0.509\,\text{m/s}$

$V_2 = \dfrac{0.1}{\dfrac{\pi \times 0.3^2}{4}} = 1.414\,\text{m/s}$

$P_1 = \dfrac{9.8}{2 \times 9.8} \times (1.414^2 - 0.509^2) + \left(\dfrac{55.324}{760} \times 101.325 \right) = 8.246 = 8.25\,\text{kPa}$

○ 답 : 8.25kPa

해설 (1) **유량**

$$Q = AV = \left(\dfrac{\pi D^2}{4} \right) V$$

여기서, Q : 유량[m³/s]
   A : 단면적[m²]
   V : 유속[m/s]
   D : 내경[m]

유속 V_1은

$$V_1 = \dfrac{Q}{\left(\dfrac{\pi D_1^{\ 2}}{4} \right)} = \dfrac{0.1\text{m}^3/\text{s}}{\dfrac{\pi \times (0.5\text{m})^2}{4}} = 0.509\text{m/s}$$

- 문제에서 100L/s=0.1m³/s(1000L=1m³)
- 500mm=0.5m(1000mm=1m)
- 계산 중간에서의 소수점 처리는 소수점 **3째자리** 또는 **4째자리**까지 구하면 된다.

유속 V_2는

$$V_2 = \frac{Q}{A_2} = \frac{Q}{\left(\frac{\pi D_2^{\,2}}{4}\right)} = \frac{0.1\text{m}^3/\text{s}}{\frac{\pi \times (0.3\text{m})^2}{4}} ≒ 1.414\text{m/s}$$

- 문제에서 100L/s=0.1m³/s(1000L=1m³)
- 300mm=0.3m(1000mm=1m)
- 계산 중간에서의 소수점 처리는 소수점 **3째자리** 또는 **4째자리**까지 구하면 된다.

(2) **베르누이 방정식**

$$\underset{\uparrow}{\frac{V_1^{\,2}}{2g}} + \underset{\uparrow}{\frac{P_1}{\gamma}} + \underset{\uparrow}{Z_1} = \frac{V_2^{\,2}}{2g} + \frac{P_2}{\gamma} + Z_2$$

(속도수두) (압력수두) (위치수두)

여기서, V_1, V_2 : 유속[m/s]
$\quad\quad\ P_1$, P_2 : 압력(증기압)[kPa]
$\quad\quad\ Z_1$, Z_2 : 높이[m]
$\quad\quad\ g$: 중력가속도(9.8m/s²)
$\quad\quad\ \gamma$: 비중량(물의 비중량 9.8kN/m³)

주어진 그림은 **수평관**이므로 **위치수두**는 **동일**하다. 그러므로 **무시**한다.

$$Z_1 = Z_2$$

$$\frac{V_1^{\,2}}{2g} + \frac{P_1}{\gamma} = \frac{V_2^{\,2}}{2g} + \frac{P_2}{\gamma}$$

$$\frac{P_1}{\gamma} = \frac{V_2^{\,2}}{2g} - \frac{V_1^{\,2}}{2g} + \frac{P_2}{\gamma}$$

$$P_1 = \gamma\left(\frac{V_2^{\,2}}{2g} - \frac{V_1^{\,2}}{2g} + \frac{P_2}{\gamma}\right)$$

$$\quad = \gamma\left(\frac{V_2^{\,2} - V_1^{\,2}}{2g} + \frac{P_2}{\gamma}\right)$$

$$\quad = \frac{\gamma(V_2^{\,2} - V_1^{\,2})}{2g} + \gamma\frac{P_2}{\gamma}$$

$$\quad = \frac{\gamma}{2g}(V_2^{\,2} - V_1^{\,2}) + P_2$$

$$\quad = \frac{9.8\text{kN/m}^3}{2 \times 9.8\text{m/s}^2} \times [(1.414\text{m/s})^2 - (0.509\text{m/s})^2] + 55.324\text{mmHg}$$

$$\quad = \frac{9.8\text{kN/m}^3}{2 \times 9.8\text{m/s}^2} \times [(1.414\text{m/s})^2 - (0.509\text{m/s})^2] + \frac{55.324\text{mmHg}}{760\text{mmHg}} \times 101.325\text{kPa}$$

$$\quad = 8.246 ≒ 8.25\text{kN/m}^2 = 8.25\text{kPa}$$

- γ(9.8kN/m³) : 물의 비중량
- P_2(55.324mmHg abs) : 단서에서 주어진 값
- 55.324mmHg abs에서 abs(absolute pressure)는 절대압력을 의미하는 것으로 생략 가능

표준대기압
- 1atm=760mmHg=1.0332kg$_f$/cm²
$\quad\quad\quad\quad\quad\quad$=10.332mH₂O[mAq]
$\quad\quad\quad\quad\quad\quad$=14.7PSI[lb$_f$/in²]
$\quad\quad\quad\quad\quad\quad$=101.325kPa[kN/m²]
$\quad\quad\quad\quad\quad\quad$=1013mbar

$$760\text{mmHg} = 101.325\text{kPa} \quad \text{이므로}$$

$$55.324\text{mmHg} = \frac{55.324\text{mmHg}}{760\text{mmHg}} \times 101.325\text{kPa}$$

$$1\text{kPa} = 1\text{kN/m}^2$$

용어

공동현상(cavitation)
펌프의 흡입측 배관 내에 물의 정압이 기존의 증기압보다 낮아져서 **기포**가 발생되어 물이 흡입되지 않는 현상

☆☆☆
문제 15

제연설비의 예상제연구역에 대한 문제이다. 도면과 조건을 참고하여 다음 각 물음에 답하시오.

(22.5.문6, 21.11.문7, 14.7.문5, 09.7.문8)

〔조건〕

득점	배점
	8

① 건물의 주요구조부는 모두 내화구조이다.
② 각 실은 불연성 구조물로 구획되어 있다.
③ 통로의 내부면은 모두 불연재이고, 통로 내에 가연물은 없다.
④ 각 실에 대한 연기배출방식은 공동배출구역방식이 아니다.
⑤ 각 실은 제연경계로 구획되어 있지 않다.
⑥ 펌프의 효율은 60%, 전압 40mmAq, 정압 20mmAq, 동력전달계수는 1.1이다.

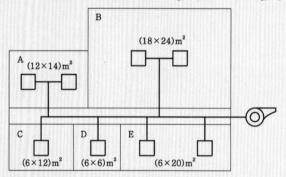

범례	
☐	배출구
⊘	배출댐퍼
☞	송풍기

(개) 각 실별 최소배출량[m³/min]

실	계산식	배출량
A실		
B실		
C실		
D실		
E실		

(내) 범례를 참고하여 배출댐퍼의 설치위치를 그림에 표시하시오. (단, 댐퍼의 위치는 적당한 위치에 설치하고 최소 수량으로 한다.)

(대) 송풍기의 동력[kW]을 구하시오.
  ○계산과정 :
  ○답 :

해답 **(가)**

실	계산식	배출량
A실	$(12 \times 14) \times 1 \times 60 = 10080\text{m}^3/\text{h}$, $10080 \div 60 = 168\text{m}^3/\text{min}$	$168\text{m}^3/\text{min}$
B실	$18 \times 24 = 432\text{m}^2$, $\sqrt{18^2 + 24^2} = 30\text{m}$ $40000\text{m}^3/\text{h}$, $40000 \div 60 = 666.67\text{m}^3/\text{min}$	$666.67\text{m}^3/\text{min}$
C실	$(6 \times 12) \times 1 \times 60 = 4320\text{m}^3/\text{h}$, $5000 \div 60 = 83.33\text{m}^3/\text{min}$	$83.33\text{m}^3/\text{min}$
D실	$(6 \times 6) \times 1 \times 60 = 2160\text{m}^3/\text{h}$, $5000 \div 60 = 83.33\text{m}^3/\text{min}$	$83.33\text{m}^3/\text{min}$
E실	$(6 \times 20) \times 1 \times 60 = 7200\text{m}^3/\text{h}$, $7200 \div 60 = 120\text{m}^3/\text{min}$	$120\text{m}^3/\text{min}$

(나)

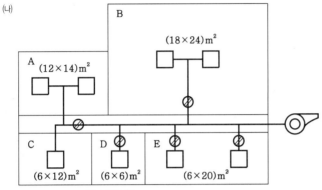

(다) ○ 계산과정 : $\dfrac{40 \times 666.67}{102 \times 60 \times 0.6} \times 1.1 = 7.988 ≒ 7.99\text{kW}$

○ 답 : 7.99kW

해설 **(가)** **바닥면적 400m² 미만**이므로 A실, C~E실은 다음 식 적용

$$배출량[\text{m}^3/\text{min}] = 바닥면적[\text{m}^2] \times 1\text{m}^3/\text{m}^2 \cdot \text{min} \quad 에서$$

배출량[m³/min] → m³/h로 변환하면
배출량[m³/h]=바닥면적[m²]×1m³/m²·min×60min/h(최저치 5000m³/h)

실	계산식	배출량
A실	$(12 \times 14)\text{m}^2 \times 1\text{m}^3/\text{m}^2 \cdot \text{min} \times 60\text{min}/\text{h} = 10080\text{m}^3/\text{h}$ $10080\text{m}^3/60\text{min} = 168\text{m}^3/\text{min}$	$168\text{m}^3/\text{min}$
B실	$(18 \times 24)\text{m}^2 = 432\text{m}^2$, $\sqrt{(18\text{m})^2 + (24\text{m})^2} = 30\text{m}$ 최저치 $40000\text{m}^3/\text{h}$, $40000\text{m}^3/60\text{min} = 666.67\text{m}^3/\text{min}$	$666.67\text{m}^3/\text{min}$
C실	$(6 \times 12)\text{m}^2 \times 1\text{m}^3/\text{m}^2 \cdot \text{min} \times 60\text{min}/\text{h} = 4320\text{m}^3/\text{h}$ 최저치 $5000\text{m}^3/\text{h}$, $5000\text{m}^3/60\text{min} = 83.33\text{m}^3/\text{min}$	$83.33\text{m}^3/\text{min}$
D실	$(6 \times 6)\text{m}^3 \times 1\text{m}^3/\text{m}^2 \cdot \text{min} \times 60\text{min}/\text{h} = 2160\text{m}^3/\text{h}$ 최저치 $5000\text{m}^3/\text{h}$, $5000\text{m}^3/60\text{min} = 83.33\text{m}^3/\text{min}$	$83.33\text{m}^3/\text{min}$
E실	$(6 \times 20)\text{m}^2 \times 1\text{m}^3/\text{m}^2 \cdot \text{min} \times 60\text{min}/\text{h} = 7200\text{m}^3/\text{h}$ $7200\text{m}^3/60\text{min} = 120\text{m}^3/\text{min}$	$120\text{m}^3/\text{min}$

- B실 : 바닥면적 **400m² 이상**이고 직경 **40m** 원의 범위 안에 있으므로 직경 **40m 이하** 표 적용, 수직거리가 주어지지 않았으므로 최소인 **2m 이하**를 적용하면 최소소요배출량은 **40000m³/h**가 된다.

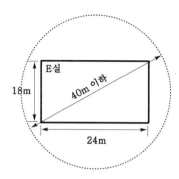

$$직경 = \sqrt{가로길이^2 + 세로길이^2}$$
$$= \sqrt{(18\text{m})^2 + (24\text{m})^2}$$
$$= 30\text{m}(40\text{m} \text{ 이하})$$

중요

거실의 배출량

(1) 바닥면적 **400m² 미만**(최저치 5000m³/h 이상)

$$배출량[\text{m}^3/\text{min}] = 바닥면적[\text{m}^2] \times 1\text{m}^3/\text{m}^2 \cdot \text{min}$$

(2) 바닥면적 **400m² 이상**

① 직경 40m 이하 : **40000m³/h 이상**

‖ 예상제연구역이 제연경계로 구획된 경우 ‖

수직거리	배출량
2m 이하	40000m³/h 이상 〔질문 ㈎ B실〕
2m 초과 2.5m 이하	45000m³/h 이상
2.5m 초과 3m 이하	50000m³/h 이상
3m 초과	60000m³/h 이상

② 직경 40m 초과 : **45000m³/h 이상**

‖ 예상제연구역이 제연경계로 구획된 경우 ‖

수직거리	배출량
2m 이하	45000m³/h 이상
2m 초과 2.5m 이하	50000m³/h 이상
2.5m 초과 3m 이하	55000m³/h 이상
3m 초과	65000m³/h 이상

• m³/h = CMH(Cubic Meter per Hour)

㈏ [조건 ④]에서 각 실이 모두 공동배출구역이 아닌 **독립배출구역**이므로 위와 같이 댐퍼를 설치하여야 하며 A, C구역이 공동배출구역이라면 다음과 같이 설치할 수 있다.

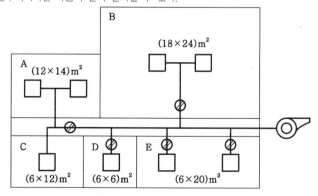

(다) **송풍기동력**

$$P = \frac{P_T Q}{102 \times 60\eta} K$$

여기서, P : 송풍기동력(전동기동력)(kW)
P_T : 전압(풍압)(mmAq, mmH$_2$O)
Q : 풍량(배출량)(m^3/min)
K : 여유율
η : 효율

송풍기의 **전동기동력** P는

$$P = \frac{40\text{mmAq} \times 666.67\text{m}^3/\text{min}}{102 \times 60 \times 0.6} \times 1.1 = 7.988 \fallingdotseq 7.99\text{kW}$$

- K(1.1) : 〔조건 ⑥〕에서 주어진 값
- P_T(40mmAq) : 〔조건 ⑥〕에서 주어진 값
- Q(666.67m^3/min) : (가)에서 주어진 값
- η(0.6) : 〔조건 ⑥〕에서 주어진 값 60%=0.6
- P_T는 **전압**이므로 정압은 적용하지 않는다. 주의!
- 전압=동압+정압

문제 16

900L/min의 유체가 구경 30cm이고, 길이 3000m 강관 속을 흐르고 있다. 비중 0.85, 점성계수가 0.103N · s/m^{2}일 때 다음 각 물음에 답하시오.

득점	배점
	6

(가) 유속(m/s)을 구하시오.

ㅇ 계산과정 :

ㅇ 답 :

(나) 레이놀즈수를 구하고 층류인지 난류인지 판단하시오.

① 레이놀즈수

ㅇ 계산과정 :

ㅇ 답 :

② 층류/난류

ㅇ

(다) 관마찰계수와 Darcy-Weisbach식을 이용하여 관마찰계수와 마찰손실수두(m)를 구하시오.

① 관마찰계수

ㅇ 계산과정 :

ㅇ 답 :

② 마찰손실수두(m)

ㅇ 계산과정 :

ㅇ 답 :

 (가) ○ 계산과정 : $V = \dfrac{0.9/60}{\dfrac{\pi \times 0.3^2}{4}} = 0.212 ≒ 0.21\text{m/s}$

○ 답 : 0.21m/s

(나) ① 레이놀즈수

○ 계산과정 : $Re = \dfrac{0.3 \times 0.21 \times 850}{0.103} = 519.902 ≒ 519.9$

○ 답 : 519.9

② 층류

(다) ① 관마찰계수

○ 계산과정 : $f = \dfrac{64}{519.9} = 0.123 ≒ 0.12$

○ 답 : 0.12

② 마찰손실수두[m]

○ 계산과정 : $H = \dfrac{0.12 \times 3000 \times (0.21)^2}{2 \times 9.8 \times 0.3} = 2.7\text{m}$

○ 답 : 2.7m

해설

기호

- Q : 900L/min=0.9m³/60s(1000L=1m³, 1min=60s)
- D : 30cm=0.3m(100cm=1m)
- L : 3000m
- S : 0.85
- μ : 0.103N·s/m²
- (가) V : ?
- (나) Re : ?
- (다) f : ?, H : ?

(가) 유량

$$Q = AV = \left(\dfrac{\pi D^2}{4}\right) V$$

여기서, Q : 유량[m³/s]

A : 단면적[m²]

V : 유속[m/s]

D : 내경[m]

$Q = \left(\dfrac{\pi D^2}{4}\right) V$

$V = \dfrac{Q}{\dfrac{\pi D^2}{4}} = \dfrac{0.9\text{m}^3/60\text{s}}{\dfrac{\pi \times (0.3\text{m})^2}{4}} = \dfrac{0.9\text{m}^3 \div 60\text{s}}{\dfrac{\pi \times (0.3\text{m})^2}{4}} = 0.212 ≒ 0.21\text{m/s}$

(나) 레이놀즈수

① 비중

$$s = \dfrac{\rho}{\rho_w} = \dfrac{\gamma}{\gamma_w}$$

여기서, s : 비중

ρ : 어떤 물질의 밀도[kg/m³]

ρ_w : 물의 밀도(1000kg/m³ 또는 1000N·s²/m⁴)

γ : 어떤 물질의 비중량[N/m³]

γ_w : 물의 비중량(9800N/m³)

원유의 밀도 ρ는

$\rho = s \cdot \rho_w = 0.85 \times 1000\text{N} \cdot \text{s}^2/\text{m}^4 = 850\text{N} \cdot \text{s}^2/\text{m}^4$

② 레이놀즈수

$$Re = \frac{DV\rho}{\mu} = \frac{DV}{\nu}$$

여기서, Re : 레이놀즈수

D : 내경[m]

V : 유속[m/s]

ρ : 밀도[kg/m³]

μ : 점도[kg/m·s]=[N·s/m²]

ν : 동점성계수$\left(\dfrac{\mu}{\rho}\right)$[m²/s]

레이놀즈수 Re는

$$Re = \frac{DV\rho}{\mu} = \frac{0.3\text{m} \times 0.21\text{m/s} \times 850\text{N} \cdot \text{s}^2/\text{m}^4}{0.103\text{N} \cdot \text{s}^2/\text{m}^2} = 519.902 \fallingdotseq 519.9$$

‖ 레이놀즈수 ‖

층 류	천이영역(임계영역)	난 류
$Re < 2100$	$2100 < Re < 4000$	$Re > 4000$

∴ 레이놀즈수가 519.9로 **2100 이하**이기 때문에 **층류**이다.

중요

층류와 난류

구 분	층 류		난 류
흐름	정상류		비정상류
레이놀즈수	2100 이하		4000 이상
손실수두	유체의 속도를 알 수 있는 경우 $H = \dfrac{flV^2}{2gD}$[m] (다르시-바이스바하의 식)	유체의 속도를 알 수 없는 경우 $H = \dfrac{128\mu Ql}{\gamma\pi D^4}$[m] (하겐-포아젤의 식)	$H = \dfrac{2flV^2}{gD}$[m] (패닝의 법칙)
전단응력	$\tau = \dfrac{p_A - p_B}{l} \cdot \dfrac{r}{2}$[N/m²]		$\tau = \mu\dfrac{du}{dy}$[N/m²]
평균속도	$V = \dfrac{V_{\max}}{2}$		$V = 0.8\,V_{\max}$
전이길이	$L_t = 0.05Re\,D$[m]		$L_t = 40 \sim 50\,D$[m]
관마찰계수	$f = \dfrac{64}{Re}$		–

(다) ① **관마찰계수**

$$f = \frac{64}{Re}$$

여기서, f : 관마찰계수

Re : 레이놀즈수

관마찰계수 f는

$$f = \frac{64}{Re} = \frac{64}{519.9} = 0.123 \fallingdotseq 0.12$$

② 달시-웨버(Darcy Weisbach)식

$$H = \frac{flV^2}{2gD}$$

여기서, H : 마찰손실수두[m]

        f : 관마찰계수(마찰손실계수)

        l : 길이[m]

        V : 유속[m/s]

        g : 중력가속도(9.8m/s^2)

        D : 내경[m]

마찰손실수두 $H = \dfrac{flV^2}{2gD} = \dfrac{0.12 \times 3000\text{m} \times (0.21\text{m/s})^2}{2 \times 9.8\text{m/s}^2 \times 0.3\text{m}} = 2.7\text{m}$

세상에서 가장 강력한 힘은 목마름이다.

             - 하버드대 Howard Gardner -

고졸 인문계 출신 합격!

필기시험을 치르고 실기 책을 펼치는 순간 머리가 하얗게 되더군요. 그래서 어떻게 공부를 해야 하나 인터넷을 뒤적이다가 공하성 교수님 강의가 제일 좋다는 이야기를 듣고 공부를 시작했습니다. 관련학과도 아닌 고졸 인문계 출신인 저도 제대로 이해할 수 있을 정도로 정말 정리가 잘 되어 있더군요. 문제 하나하나 풀어가면서 설명해주시는데 머릿속에 쏙쏙 들어왔습니다. 약 3주간 미친 듯이 문제를 풀고 부족한 부분은 강의를 들었습니다. 그렇게 약 6주간 공부 후 시험결과 실기점수 74점으로 최종 합격하게 되었습니다. 정말 빠른 시간에 합격하게 되어 뿌듯했고 공하성 교수님 강의를 접한 게 정말 잘했다는 생각이 들었습니다. 저도 할 수 있다는 것을 깨닫게 해준 성안당 출판사와 공하성 교수님께 정말 감사의 말씀을 올립니다.

_ 김○건님의 글

시간 단축 및 이해도 높은 강의!

소방은 전공분야가 아닌 관계로 다른 방법의 공부를 필요로 하게 되어 공하성 교수님의 패키지 강의를 수강하게 되었습니다. 전공이든, 비전공이든 학원을 다니거나 동영상강의를 집중적으로 듣고 공부하는 것이 혼자 공부하는 것보다 엄청난 시간적 이점이 있고 이해도도 훨씬 높은 것 같습니다. 주로 공하성 교수님 실기 강의를 3번 이상 반복 수강하고 남는 시간은 노트정리 및 암기하여 실기 역시 높은 점수로 합격을 하였습니다. 처음 기사시험을 준비할 때 '할 수 있을까?'하는 의구심도 들었지만 나이 60세에 새로운 자격증을 하나둘 새로 취득하다 보니 미래에 대한 막연한 두려움도 극복이 되는 것 같습니다.

_ 김○규님의 글

단 한번에 합격!

퇴직 후 진로를 소방감리로 결정하고 먼저 공부를 시작한 친구로부터 공하성 교수님 인강과 교재를 추천받았습니다. 이것이 단 한번에 필기와 실기를 합격한 지름길이었다고 생각합니다. 인강을 듣는 중 공하성 교수님 특유의 기억법과 유사 항목에 대한 정리가 공부에 큰 도움이 되었습니다. 인강 후 공하성 교수님께서 강조한 항목을 중심으로 이론교재로만 암기를 했는데 이때는 처음부터 끝까지 하지 않고 네 과목을 번갈아 가면서 암기를 했습니다. 지루함을 피하기 위함이고 이는 공하성 교수님께서 추천하는 공부법이었습니다. 필기시험을 거뜬히 합격하고 실기시험에 매진하여 시험을 봤는데, 문제가 예상했던 것보다 달라서 당황하기도 했고 그래서 약간의 실수도 있었지만 실기도 한번에 합격을 할 수 있었습니다. 실기시험이 끝나고 바로 성안당의 공하성 교수님 교재로 소방설비기사 전기 공부를 하고 있습니다. 전공이 달라 이해하고 암기하는 데 어려움이 있긴 하지만 반복해서 하면 반드시 합격하리라 확신합니다. 나이가 많은 데도 불구하고 단 한번에 합격하는 데 큰 도움을 준 성안당과 공하성 교수님께 감사드립니다.

_ 최○수님의 글

e러닝 bm.cyber.co.kr(031-950-6332) | **Yes Media Group 예스미디어** www.ymg.kr(010-3182-1190)

교재 및 인강을 통한
합격 수기

공하성 교수의 열강!

이번 2회차 소방설비기사에 합격하였습니다. 실기는 정말 인강을 듣지 않을 수 없더라고요. 그래서 공하성 교수님의 강의를 신청하였고 하루에 3~4강씩 시청, 복습, 문제풀이 후 또 시청 순으로 퇴근 후에도 잠자리 들기 전까지 열심히 공부하였습니다. 특히 교수님이 강의 도중에 책에는 없는 추가 예제를 풀이해 주는 것이 이해를 수월하게 했습니다. 교수님의 열강 덕분에 시험은 한 문제 제외하고 모두 풀었지만 확신이 서지 않아 전전긍긍하다가 며칠 전에 합격 통보를 받았을 때는 정말 보람 있고 뿌듯했습니다. 올해는 조금 휴식을 취한 뒤에 내년에는 교수님의 소방시설관리사를 공부할 예정입니다. 그때도 이렇게 후기를 적을 기회가 주어졌으면 하는 바람이고요. 저도 합격하였는데 여러분들은 더욱 수월하게 합격하실 수 있을 것입니다. 모두 파이팅하시고 좋은 결과가 있길 바랍니다. 감사합니다.

_ 이○현님의 글

이해하기 쉽고, 암기하기 쉬운 강의!

소방설비기사 실기시험까지 합격하여 최종합격까지 한 25살 직장인입니다. 직장인이다 보니 시간에 쫓겨 자격증을 따는 것이 막연했기 때문에 필기과목부터 공하성 교수님의 인터넷 강의를 듣기 시작하였습니다. 꼼꼼히 필기과목을 들은 것이 결국은 실기시험까지 도움이 되었던 것 같습니다. 실기의 난이도가 훨씬 높지만 어떻게 보면 필기의 확장판이라고 할 수 있습니다. 그래서 필기과목부터 꾸준하고 꼼꼼하게 강의를 듣고 실기 강의를 들었더니 정말로 그 효과가 배가 되었습니다. 공하성 교수님의 강의를 들을 때 가장 큰 장점은 공부에 아주 많은 시간을 쏟지 않아도 되는 거였습니다. 증거로 직장을 다니는 저도 합격하게 되었으니까요. 하지만 그렇게 하기 위해서는 필기부터 실기까지 공하성 교수님이 만들어 놓은 커리큘럼을 정확하고, 엄격하게 따라가야 합니다. 정말 순서대로, 이해하기 쉽게, 암기하기 쉽게 강의를 구성해 놓으셨습니다. 이 강의를 듣고 더 많은 합격자가 나오면 좋겠습니다.

_ 엄○지님의 글

59세 소방 쌍기사 성공기!

저는 30년간 직장생활을 하는 평범한 회사원입니다. 인강은 무엇을 들을까 하고 탐색하다가 공하성 교수님의 샘플 인강을 듣고 소방설비기사 전기 인강을 들었습니다. 2개월 공부 후 소방전기 필기시험에 우수한 성적으로 합격하고, 40일 준비 후 4월에 시행한 소방전기 실기시험에서도 당당히 합격하였습니다. 실기시험에서는 가닥수 구하기가 많이 어려웠는데, 공하성 교수님의 인강을 자주 듣고, 그림을 수십 번 그리며 가닥수를 공부하였더니 합격할 수 있다는 자신감이 생겼습니다. 소방전기 기사시험 합격 후 소방기계 기사 필기는 유체역학과 소방기계시설의 구조 및 원리에 전념하여 필기시험에서 90점으로 합격하였습니다. 돌이켜 보면, 소방설비 기계기사가 소방설비 전기기사보다 훨씬 더 어렵고 힘들었습니다. 고민 끝에 공하성 교수님의 10년간 기출문제 특강을 집중해서 듣고, 10년 기출문제를 3회 이상 반복하여 풀고 또 풀었습니다. "합격을 축하합니다."라는 글이 눈에 들어왔습니다. 점수 확인 결과 고득점으로 합격하였습니다. 이렇게 해서 저는 올해 소방전기, 소방기계 쌍기사 자격증을 취득했습니다. 인터넷 강의와 기출문제는 공하성 교수님께서 출간하신 책으로 10년분을 3회 이상 풀었습니다. 1년 내에 소방전기, 소방기계 쌍기사를 취득할 수 있도록 헌신적으로 도와주신 공하성 교수님께 깊은 감사를 드리며 저의 기쁨과 행복을 보내드립니다.

_ 오○훈님의 글

성안당 e러닝 bm.cyber.co.kr(031-950-6332) | 예스미디어 Yes Media Group www.ymg.kr(010-3182-119○

소방설비산업기사 안 될 줄 알았는데..., 되네요!

저는 필기부터 공하성 교수님 책을 이용해서 공부하였습니다. 무턱대고 도전해보려고 책을 구입하려 할 때 서점에서 공하성 교수님 책을 추천해주었습니다. 한 달 동안 열심히 공부하고 어쩌다 보니 합격하게 되었고 실기도 한 번에 붙어보자는 생각으로 필기 때 공부하던 공하성 교수님 책을 선택했습니다. 실기에서 혼자 공부해보니 어려운 점이 많았습니다. 특히 전기분야는 가닥수에서 이해하질 못했고 그러다 보니 자연스레 공하성 교수님 인강을 들어야겠다고 판단을 했고 그것은 옳았습니다. 가장 이해하지 못했던 가닥수 문제들을 반복해서 듣다 보니 눈에 익어 쉽게 풀 수 있게 되었습니다. 공부하시는 분들 좋은 결과가 있기를...

_ 박○석님의 글

1년 만에 쌍기사 획득!

저는 소방설비기사 전기 공부를 시작으로 꼭 1년 만에 소방전기와 소방기계 둘 다 한번에 합격하여 너무나 의미 있는 한 해가 되었습니다. 1년 만에 쌍기사를 취득하니 감개무량하고 뿌듯합니다. 제가 이렇게 할 수 있었던 것은 우선 교재의 선택이 탁월했습니다. 무엇보다 쉽고 자세한 강의는 비전공자인 제가 쉽게 접근할 수 있었습니다. 그리고 저의 공부비결은 반복학습이었습니다. 또한 감사한 것은 제 아들이 대학 4학년 전기공학 전공인데 이번에 공하성 교수님 교재를 보고 소방설비기사 전기를 저와 아들 둘 다 합격하여 얼마나 감사한지 모르겠습니다. 여러분도 좋은 교재와 자신의 노력이 더해져 최선을 다한다면 반드시 합격할 수 있습니다. 다시 한 번 감사드립니다.^^

_ 이○자님의 글

소방설비기사 합격!

올해 초에 소방설비기사 시험을 보려고 이런저런 정보를 알아보던 중 친구의 추천으로 성안당 소방필기 책을 구매했습니다. 필기는 독학으로 합격할 수 있을 만큼 자세한 설명과 함께 반복적인 문제에도 문제마다 설명을 자세하게 해주셨습니다. 문제를 풀 때 생각이 나지 않아도 앞으로 다시 돌아가서 볼 필요가 없이 진도를 나갈 수 있게끔 자세한 문제해설을 보면서 많은 도움이 되어 필기를 합격했습니다. 실기는 2회차에 접수를 하고 온라인강의를 보며 많은 도움이 되었습니다. 열심히 안 해서 그런지 4점 차로 낙방을 했습니다. 다시 3회차 실기에 도전하여 열심히 공부를 한 결과 최종합격할 수 있게 되었습니다. 인강은 생소한 소방실기를 쉽게 접할 수 있는 좋은 방법으로서 저처럼 학원에 다닐 여건이 안 되는 사람에게 좋은 공부방법을 제공하는 것 같습니다. 먼저 인강을 한번 보면서 모르는 생소한 용어들을 익힌 후 다시 정리하면서 이해하는 방법으로 공부를 했습니다. 물론 오답노트를 활용하면서 외웠습니다. 소방설비기사에 도전하시는 분들께도 많은 도움이 되었으면 좋겠습니다.

_ 김○국님의 글

> 공하성 교수의 노하우와 함께 소방자격시험 완전정복!

22년 연속 판매 1위! 한 번에 합격시켜 주는 명품교재!

성안당 소방시리즈!

소방설비기사		소방설비산업기사		소방시설관리사
전기분야 (필기, 실기)	기계분야 (필기, 실기)	전기분야 (필기, 실기)	기계분야 (필기, 실기)	제1차, 제2차

2024 최신개정판

1개년 과년도 | 소방설비기사 기계④·1 **실기**

2023. 3. 15. 초 판 1쇄 발행
2024. 2. 6. 1차 개정증보 1판 1쇄 발행

지은이 | 공하성
펴낸이 | 이종춘
펴낸곳 | **BM** ㈜도서출판 **성안당**

주소 | 04032 서울시 마포구 양화로 127 첨단빌딩 3층(출판기획 R&D 센터)
10881 경기도 파주시 문발로 112 파주 출판 문화도시(제작 및 물류)

전화 | 02) 3142-0036
031) 950-6300

팩스 | 031) 955-0510

등록 | 1973. 2. 1. 제406-2005-000046호

출판사 홈페이지 | **www.cyber.co.kr**

ISBN | 978-89-315-8658-9 (13530)

정가 | **13,000원**(해설가리개 포함)

이 책을 만든 사람들

기획 | 최옥현
진행 | 박경희
교정·교열 | 김혜린, 최주연
전산편집 | 이지연
표지 디자인 | 박현정
홍보 | 김계향, 유미나, 정단비, 김주승
국제부 | 이선민, 조혜란
마케팅 | 구본철, 차정욱, 오영일, 나진호, 강호묵
마케팅 지원 | 장상범
제작 | 김유석

www.cyber.co.kr
성안당 Web 사이트